沐浴趣话

中国俗文化丛书

丛书主编 高占祥

吕继祥 著

山东教育出版社

图书在版编目(CIP)数据

沐浴趣话/吕继祥著. —济南：山东教育出版社，
2016

(中国俗文化丛书/高占祥主编)
ISBN 978－7－5328－9308－9

Ⅰ.①沐… Ⅱ.①吕… Ⅲ.①沐浴—文化—中国
Ⅳ.①TS974.3

中国版本图书馆 CIP 数据核字(2016)第 052110 号

中国俗文化丛书　　　　　高占祥　主编

沐浴趣话

吕继祥　著

出　版　人：刘东杰
出版发行：山东教育出版社
　　　　　　(济南市纬一路 321 号　邮编：250001)
电　　　话：(0531)82092664　传真：(0531)82092625
网　　　址：www. sjs. com. cn
发　行　者：山东教育出版社
印　　　刷：山东临沂新华印刷物流集团有限责任公司
版　　　次：2017 年 2 月第 1 版第 1 次印刷
规　　　格：787mm×1092mm　32 开本
印　　　张：5.625 印张
印　　　数：1—3000
插　　　页：4 插页
字　　　数：85 千字
书　　　号：ISBN 978－7－5328－9308－9
定　　　价：14.00 元

(如印装质量有问题，请与印刷厂联系调换)
印厂电话：0539－2925659

图1 华清池莲花汤（御汤）

图2 华清池莲花汤（御汤）遗址

图3 唐代鎏金鸳鸯纹银盆

图4 贵妃出浴（民间瓷塑）

图5 河中沐浴（《清明上河图》局部）

图6
清乾隆皇帝的御用浴盆及盆沿上的刻辞

图7
邓小平在北戴河游泳

图8 南沙夏浴 （林政摄）

图9 藏族沐浴节上的儿童

图10
香港丽晶酒店室外温水
按摩浴池（李小玲摄）

图11 "坐"洗弁尼沟
温泉（陈奇摄）

图12 土耳其浴室
〔法国〕安格尔

图13 希腊贵妇的沐浴
〔法国〕约·维恩

图14 古罗马温水浴室
〔荷兰〕阿尔玛·塔德玛

图15 泰山王母泉

图16 王母娘娘梳洗楼旧址柱洞

图17 玉女洗头盆

图18 泰山经石峪

中国俗文化丛书

主　　编：高占祥

执行主编：于占德

副 主 编：于培杰

　　　　　叶　涛

　　　　　刘德增

序

在中华民族光辉而悠久的历史传统文化中，俗文化占有十分重要的地位。它不仅是雅文化不可缺少的伴侣，而且具有自身独立的社会价值。它在中华民族的发展历程中，与雅文化一起描绘着中华民族的形象，铸造着中华民族的灵魂。而在其表现形态上，俗文化则更显露出新鲜、明朗、生动、活跃的气质。它像一面镜子，折射出一个民族、一个地区的风土人情和生活百态。从这个角度看，进一步挖掘、整理和发扬俗文化是文化建设的一项战略任务。

俗文化，俗而不厌，雅美而宜人。不论是具体可感的器物，还是抽象的礼俗，读者都可以从中看出，千百年来，我们的祖先是在怎样的匠心独运中创造出如此灿烂的文化。我们好像触到了他们纯正的品格，听到了他们润物的声情，看到了他们精湛的技艺。他们那巧夺天工的种种创造，对今人是一种启迪；他们那健康而奇妙的审美追求，对后人是一种熏陶。我们不但可从这辉煌的民族文化中窥见自己的过去，而且可以从中展望美好的明天。

俗文化，无处不在，丰富而多彩。中华民族，历史悠久，地大物博，人口众多，在长期的生活积淀中，许多行为，众多器物，约定俗成，精益求精。追根溯源，形成系列，构成体系，展示出丰厚的文化氛围。如饮食、礼俗、游艺、婚丧、服饰、教育、艺术、房舍、变迁、风情、驯化、意趣、收藏、养生、烹饪、交往、生育、家谱、陵墓、家具、陈设、食具、石艺、玉器、印玺、鱼艺、鸟艺、鸣虫、镜子、扇子等等，都是俗文化涉及的范围。诚然，在诸多领域里，雅俗难辨，常常是你中有我，我中有你，彼此交叉，共融一体；有的则是先俗而后雅。

俗文化，古而不老，历久而弥新。它在人们的身边，在人们的生活中，无时无刻不影响人们的思想、观念和情趣。总结俗文化，剔除其糟粕，吸收其精华，对发扬民族精神，增强民族自信心，提高和丰富人民生活，都具有不可忽视的意义。世界文化是由五彩斑斓的民族文化汇成的，从这个意义上讲，愈是民族的，就愈是世界的。因此，我们总结自己的民俗文化，正是沟通世界文化的桥梁。这是发展的要求，时代的召唤。

　　这便是我们编纂出版这套《中国俗文化丛书》的宗旨。

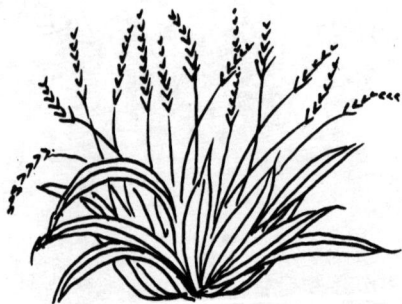

目录

引　言

何为沐浴？沐者，濯发也；浴者，澡身也。所谓沐浴，讲得通俗一点，就是洗澡。

沐浴是一种既有宗教性又有世俗性的世界性习俗。作为世界文明古国之一的中国，是一个有着悠久沐浴历史的国度，在沐浴方面，或澡身或洁心，意义不同，仪式有别，方法各异，这就形成了绚丽多姿的华夏沐浴文化。

然而，传统的沐浴文化，在现代出现了衰落的迹象，丁帆先生在其《沐浴》一文的首节中这样写道：

现代人洗澡似乎纯粹是为了清洁卫生，几乎足不出户就可在家里打开热水器洗得个酣畅淋漓，一浴方休。方便、快捷、经济、实用，成为现代生活规律的准则，它将传统文化意义上的"洗澡内涵"全部删除，将整个洗澡的"文化过程"全部简化成一种机械操作的程序。社会的进步，物质的丰富，往往须得文化付出一定的代价。早在本世纪初，人们就意识到了这一历史文化的悖论，毋庸讳言，卓别林以其形体表现，在电影《摩登时代》中控诉了大机器时代对自然和人的本质戕害。①

丁帆先生的观点虽然有点过激，但不无道理，对这个现实我们不能不予以正视。

对那随着岁月河流飘逝渐远的沐浴文化，作为炎黄子孙，我们有责任去抢救她，至少要为未来的子孙们留下一点历史见证的"断篇残牍"，留下一点打捞沐浴风俗的"文化碎片"。

---

① 见《济南日报》1997年6月3日第7版。

一 华夏文明的花朵

（一）良俗千载话沐浴

文物考古资料和历史文献资料证明，中国是一个有着悠久沐浴历史的国度。原始社会，人们在一个很长的阶段内过着渔猎生活，居住在水边。为了打鱼的需要，不得不下水。再者，夏季天气炎热时，人类出于本能，有时也会跳进水里洗个澡，这样就自然而然地出现了原始的沐浴。

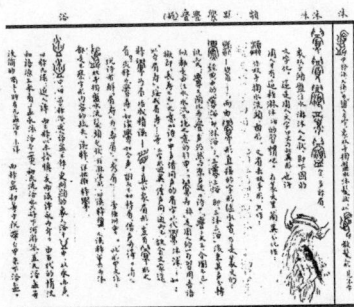

图1 释沐、浴（采自康殷著《文字源流浅说》）

随着社会的发展，人们沐浴已渐成习惯，至迟在商周时期，已出现了用来沐浴的器皿。商周时期的甲骨文和金文中有"沐"、"浴"、"盈"等字，就字形看，"沐"字作双手掬盘水沐发之状；"浴"字像人沐于器皿中。（图1）而"盈"字与"浴"字字形相近，稍有不同的地方仅是"盈"字的洗浴器皿中见人足以示裸浴。（图2）到了春秋战国时期，沐浴所用器皿基本固定，即盘和匜。《礼记·内则》："进盥，少者奉槃，长者奉水。"槃同盘，即承盘。在古籍上常见盘、匜并举，是因为盥洗时二者配合使用。青铜器匜，像一只瓢，有鋬，有流，有足，出现于西周时期，盛行于春秋战国。（图3）古代祭祀燕飨，有沃盥的礼节，用匜浇水洗手时，下面用盘接水。

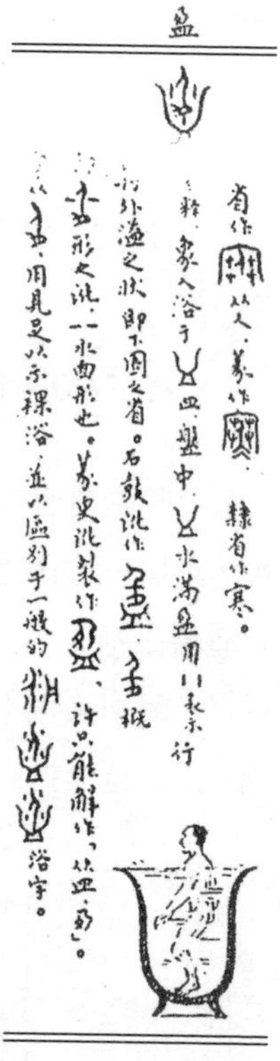

图2 释盈（采自《康殷著《文字源流浅说》）

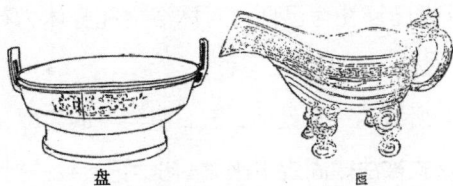

图3　盘与匜

　　西周是沐浴礼制的形成时期，先秦文献记载颇多，如《礼记》记载：

　　　　君子之居恒当户……日五盥，沐稷而靧粱……居外寝，沐浴。（《玉藻》）

　　　　卜人曰："沐浴佩玉则兆。"（《檀弓下》）

　　　　……外内不共井，不共湢浴室。（《内则》）

　　　　御者入浴，小臣四人抗衾，御者二人浴，浴水用盆，沃水用枓，浴用缔巾，挋用浴衣。（《丧大记》）

　　　　男女夙兴，沐浴衣服，具视朔食。（《内则》）

再如《仪礼》记载：

　　　　沐浴栉搔翦。（《士虞礼》）

　　　　管人为客，三日具沐，五日具浴，飧不致，宾不拜，沐浴而食之。（《聘礼》）

从以上记载不难看出，沐浴已深入到社会、生活的各个方面。

孔子一生以克己复礼为己任，对沐浴之礼身体力行，既"浴于沂"，更"沐浴而朝"。

《仪礼》所载"三日具沐，五日具浴"的习惯，到汉代以"休沐"的形式被法律固定下来。《初学记》载："汉律：吏五日一下沐，言休息以洗沐也。"即官府每五日给官吏放假一天，请他们去洗澡办私事，此诚如《汉书·孔光传》所云："沐日归休，兄弟妻子燕语。"唐代改为十天一休沐，叫作旬休。汉字中有个澣（浣）字，本意是洗去衣物污垢，如《诗经·周南·葛覃》所谓："薄污我私，薄澣我衣。"大概是因为十日一澣的缘故吧，澣字又有了计时的意义，即一澣为十日，所以每月的上、中、下旬分别又称之为上、中、下澣。

唐代上自皇室，下至民间，沐浴都很盛行，且不说唐玄宗李隆基与杨贵妃经常泡在华清池里，民间亦然，有诗为证：

> 香泉涌出半池温，
> 难洗人间万古尘。
> 混沌壳中天不晓，
> 淋漓气底夜长春。
> 波涛鼓怒喧风雨，
> 云雾随阴护鬼神。

> 却笑相逢裸形国，
>
> 不知谁是浴沂人。

这首诗出自唐人谢宗之手，可信性程度是很大的。

宋代出现公共浴室，沐浴更为普及。客人远道而来要"洗尘"，洗尘的原始含意是洗澡去尘，如《水浒传》第33回："便请宋江更换衣裳鞋袜，香汤沐浴，在后堂安排筵席洗尘。"文人雅士们也喜欢沐浴，如苏东坡有一年寒冬腊月在浴池洗澡，浴毕，身心畅快，诗兴大发，写了二首小词《如梦令》。其一：

> 水垢何曾相受，
>
> 细看两俱无有。
>
> 寄语揩背人，
>
> 尽日劳君挥肘。
>
> 轻手，轻手，
>
> 居士本来无垢。

其二：

> 自净方能净彼，
>
> 我自汗流呵气。
>
> 寄语澡浴人，

> 且共肉身游戏。
>
> 但洗，但洗，
>
> 俯为人间一切。

洗澡能洗出诗兴来，可见东坡居士对沐浴的偏爱。

明代人对沐浴颇为讲究，明人李渔在其《闲情偶寄》中有两节谈到沐浴，一节是"颐养部"中的《沐浴》，一节是"声容部"中的《盥栉》。《沐浴》中，李渔结合自身体会，对沐浴的季节、时机、水温都做了较为科学的阐述，是一篇难得的沐浴养身的科普妙文：

> 盛暑之月，求乐事于黑甜之外，其惟沐浴乎！潮垢非此不除，浊污非此不净，炎蒸暑毒之气亦非此不解。此事非独宜于盛夏，自严冬避冷，不宜频浴外，凡遇春温秋爽，皆可借此为乐。而养生之家则往往忌之，谓其损耗元气也。吾谓沐浴既能损身，则雨露亦当损物，岂人与草木有二性乎？然沐浴损身之说，亦非无据而云然。予尝试之。试于初下盆时，以未经浇灌之身，忽遇澎湃奔腾之势，以热投冷，以湿犯燥，几类水攻。此一激也，实足以冲散元气，耗除精气。而我有法以处之：虑其太激，则势在尚缓；避其太热，则利于用温。解衣磅礴之

秋，先调水性，使之略带温和，由腹及胸，由胸及背，惟其温而缓也，则有水似乎无水，已浴同于未浴。俟与水性相习之后，始以热者投之，频浴频投，频投频搅，使水乳交融而不觉，渐入佳境而莫知，然后纵横其势，反侧其身，逆灌顺浇，必至痛快其身而后已。此盆中取乐之法也。至于富室大家，扩盆为屋，注水于池者，冷则加薪，热则去火，自有以逸待劳之法，想无俟贫人置喙也。

清朝至民国年间，社会风气使然，泡澡成为时尚。

（二）公共澡堂古今谈

在封建等级观念的影响下，澡堂业被列入"九流"，社会地位低下，被人看不起，事实上澡堂业的出现是社会进步的表现，是文明的象征之一。澡堂，又称浴堂，中国古已有之，先秦文献《礼记·内则》所谓"外内不共井，不共湢浴"，"湢浴"就是浴室。作为营业谋生手段的公共澡堂业的产生和发展，是伴随着城市的发展和商业经济的繁荣而兴盛的，因为上公共澡堂洗浴的人一般是商贾、旅客和公差小吏等。一般认为公共澡堂自宋代始有。

民间流传着这样一则关于公共澡堂创立的故事：宋代有个商人，因为经商赔了本，苦于找不到新的生财之道，想以一死了之。这时一个风尘仆仆的商人路过他家，向他借一木盆，盛了一桶水，洗脸擦身，清除疲劳，整顿精神。见此情景他灵机一动，为什么不利用原来的店铺开个澡堂，让过路的人都来付洗澡钱呢？于是他四处借钱，开办了京城第一家公共澡堂，取了一个很好听的名字叫"香水行"，并在澡堂门前挂一把壶作为标志，生意果然不错。名澡堂为"香水行"大概是因为澡水中加有香料，以壶为标志是说明本澡堂还可以饮茶休息。一石激起千层浪，开公共澡堂的越来越多。描绘宋都东京（今开封）的《清明上河图》中就画有一个澡堂，好像还有人乘轿子前来洗澡。南宋灌圃的《都城纪胜》及吴自牧的《梦粱录》均称澡堂为"香水行"，看来香水行已成为社会公认的澡堂代名词了。

宋代澡堂业中也有开黑店的，干一些见不得人的勾当。宋人洪迈在其《夷坚志补》卷8"京师浴堂"里，揭露了一家专门向单身客下毒手的澡堂。北宋宣和年间（公元1119—1125年），"有人参选，将诣吏部陈状，而起时太早，道上行人尚稀，省门未开，姑往茶邸少息。邸之中则浴堂也。厮役两三人，见其来失期，度其必村野官员乍游京华者，时方冬月，此客著褐裘，客体肥腯，遂设计图之。密执皮条套其项，曳之入帘内，顿于地，气息垂绝。群恶夸指曰：休论衣服，只这身肉值几文钱。以去晓尚遥，未即杀。少定，客以皮缚稍缓顿苏，欲窜恐致迷路，迟疑间忽闻大尹传呼，乃急趋而出，连称杀人。群恶出其不意，殊荒窘，然犹矫情自若曰：官人害心疯耶？俄而大尹至，诉于马前，立遣贼曹收执，且悉发浴室之板验视，得三尸犹未冷，盖昨夕所戕者。于是尽捕一家，置于法"。此事发生在京城，其它地方恐怕就更严重了。

蒙古人入主中原，定都大都（今北京），一改往日甚少洗澡的习惯，在京城建筑公共澡堂。元代京城某处澡堂的结构，后人有考述，《中国社会史料丛钞》收录的《近喧传》这样记载："北平崇文门天庆寺有浴室，其形制一如武英殿之浴德堂，余亲往视之，信然。而寺中碑碣仅存万历中徐阶所撰一碑，文亦漫漶不可读。考顺天府志云，……逮甲申冬，皇孙噶玛拉出货泉二千五百缗泊名骠二，仍谕留守段祯詹事，张九思即所居庀徒葳事，起三大士正殿丈室七巨楹，下至门阊庖湢宾客之所，略皆完美。始于乙酉之春，成于丙戌仲秋。"

此"庖湢"之所，就是澡堂。

明代人郎瑛在《七修类稿》卷 16 里，对澡堂（明人称混堂）的构造作了更细致的描述："吴俗，甃大石为池，穹幕以砖，后为巨釜，令与池通。辘轳引水，穴壁而贮焉，一人专执爨（烧炊之具），池水相吞，遂成沸汤，名曰'混堂'，榜其门则曰'香水'。"

清代的澡堂构造沿袭元明，稍加改制。如扬州的澡堂，在大池中分隔为数格，近锅者水热，辟为专池；并有"娃娃池"，池小水又不热，适应小孩洗澡。澡堂内设有贮衣之柜，"环而列于厅事者为座箱，内通小室，谓之暖房"。澡堂一般以白石为池，池为方形，长宽各为丈余。上海称洗澡为"汏浴"。从十九世纪五六十年代起，上海已有大池澡堂设置，盆汤弄的"畅园"、紫来街的"亦园"建于清朝同治年间（公元1862—1874 年），是最早设置盆汤的澡堂。上自官绅，下至贫民，人人都洗澡，故而澡堂也有各种不同的等级。一般的澡堂非常简陋，而考究的澡堂则陈设华丽。当时最著名的澡堂是"新锦园"和"馨园"，家具全是红木嵌湖石的，密房曲室，幽雅宜人，有官盆、客盆之分。官盆是小池，洗完澡有单间可供休息，每位制钱 70 文；客盆是大池，每位 35 文。

民国年间，济南最著名的澡堂是"铭新池"，有"华北第一池"的美誉。铭新池的创办人和经理叫张斌亭，山东黄县（今龙口市）人，16岁入商界，在青岛干过布店、饭店、蛋厂的伙友，当时他看到青岛的"三新楼澡堂"生意兴隆，就萌发了将来要创办一座大型澡堂的初衷。于是后来他广撷众长，历时二年，在省城济南建设了一座澡堂，名曰"铭新池"。1933年12月正式落成并开业。整个建筑从外观上看，宏伟端庄，典雅大方；从内部结构看，布局合理，坚固实用。室内建玻璃走廊，光线明朗，向阳面单窗，背阴面双窗，冬季保暖，夏季防热。他还自建花室，配备花匠，专事养花养鱼，以供摆设，做到四季常青，天天有花。走进铭新池大厅，迎面高悬的"一尘不染"黑字大匾，先声夺人，给人以清新爽朗的感觉。走廊、营业室悬挂名人字画，摆设鲜花、金鱼、古玩。房间内窗明几净，座席上黑漆木桌、枕头、浴巾、烟具、茶具洁净光亮，给人以舒心的美感。楼上楼下两方温水大池，又另建两方热水池，便于顾客热烫。池水清湛，雾气蒸润，置身其中，别样舒服，吸引了众多城乡顾客来此一洗为快。

公共澡堂这个行业有其共有的标志，即宋代文献《能改斋漫录》所载："所在浴处必挂壶于门。"清代的澡堂标志是门前改悬灯笼，两边有"金鸡未唱汤先热，红日东升客满堂"及"清水池塘，盆浴两便"等楹联。用现在的话说，这些楹联就是促销的文字广告。

澡堂业有其自己供奉的行业神。北京澡堂业所奉的祖师为智公（或曰志公），与北京修脚业所供奉的祖师同为一人。汤用彤编著、1935年出版的《旧都文物略·杂事略》载："澡堂，在距今二百年前，一修脚匠创始营业。现在全市加入公会者，约一百二十余家。……澡堂公会，在后门桥'西盛堂'之后院，所祀之神为智公禅师。每年三月，同行皆往公祭一次，藉议行规。"1940年12月5日《实报》刊载《二百多年前北京第一家澡堂》一文，副题为《祖师是智公老祖》，内容与《旧都文物略》所载相似。文云："从现在起，往回数上二百多年的时候，北京第一次出现一家澡堂子。这是一个修脚匠创始的，后来因为日渐兴旺，便引起今日的盛况。澡堂业的祖师是智公老祖，有庙，在北京的后门桥西盛堂后院，以前阴历三月，该行人都到这里去祭祀。"据此可知，北京的澡堂业对其祖师智公非常尊崇，建庙供奉，定时公祭。

（三）泡澡休闲趣味浓

澡堂内提供的服务是多方面的，除洗澡外，还有捏脚修脚、按摩推拿、理发打辫、品茗饮食等服务，因而吸引了不少天天上澡堂、整天待在澡堂的浴客，他们进澡堂的主要目的不是为了洗澡（当然也洗澡），而是为了休闲。对这样一批人，一般称之为"泡客"。

澡堂中的服务主要在浴中和浴后进行。浴中服务主要有替浴者擦洗全身，尤其是擦背，服务人员用力为顾客遍擦全身，使污垢去掉，同时活络全身血液，皮肤擦得通红。所以苏东坡叫澡堂伙计"轻手轻手，居士本来无垢"。近人丁秉鐩在《平津澡堂沧桑》里，描写了北方人的擦背过程。京津澡堂把擦背称为"搓澡"，他们用大兴区制作的塘布，在客人身上均匀遍擦，直到身上搓出一条条污垢来，然后用肥皂和水冲。客人出浴后，澡堂伙计要给客人精、粗两巾擦拭身子，然后再用干净热水淋身，披上专用的布衣，以俟身燥，其间还供应一些饮料。接下来就是为客人"松骨"，北方人叫"放税"，由伙计替客人敲肩、敲胳臂、捶腿、捶背。伙计按照人体穴道分布和肌肉组织结构，有板有眼地敲打，使客人感到舒适。

　　"捏脚"、"修脚"也是澡堂内不可或缺的服务内容。（图4）尤其是修脚师傅，他备有一套特制的工具，如有尖、粗、宽、窄不同的刀子，把客人的脚趾甲修剪整齐，把脚底板的鸡眼挑干净。说起澡堂修脚来，还有一段趣闻呢。甲午战争以后，洋务派头子李鸿章奉派出洋，到上海等候转船。他刚到住处落脚，便吩咐下属到澡堂物色技艺精湛的扦脚匠。原来李鸿章的脚底板上鸡眼甚多，有一只鸡眼入肉竟有一寸多深，如两三天不扦挖，便步履维艰，不便行走。他手下原先雇有刀功不凡的扦脚匠，为他隔天扦挖一次。谁想到扦脚匠听说李鸿章这次要漂洋过海、远离家乡，便辞职不干了。所以李鸿章挨到上海，脚底下的鸡眼已经长得使他不能动弹了。

图 4　修脚（采自叶大兵主编《中国风俗辞典》）

下属从县城的澡堂里给他觅来一位数代扦脚的扦脚匠，当场发硎，技艺果然过人，数刀挖过，李鸿章顿感脚下轻松。李大喜之下，即刻赏银 10 两，并提出以高薪雇用扦脚匠随同出洋。扦脚匠的亲友们认为这是发"洋财"的好机会，都撺掇他去。不料扦脚匠登上远洋轮船后，因只身远行，想念妻子，夜不成眠，再加上风浪颠簸，身体不适，精神极度紧张，不多天竟一命呜呼了。待李鸿章踏上异邦国土，脚底下的鸡眼想必已痛可钻心，可惜史籍对他当时的狼狈相没有记载，否则定会增添不少令人捧腹的笑料。

澡堂内的剃头师傅，除给浴者理发外，最主要的服务是为澡后的客人打辫子。清朝时兴留辫子，而对笨手笨脚的男同胞说来，打辫子又是一项非常麻烦的事，在澡堂内开设打辫子服务，应是精明的经营之道。

泡澡是一种享受，是一种文化，也曾经是一种时尚。(图 5) 丁帆先生的《沐浴》一文，对"泡澡"着墨颇多，值得一读：

　　大约从隋以后，随

图 5　川北江岔温（药）泉浴

（采自《民俗》（画刊）1989 年第 1 期）

着扬州经济的日益发达，作为文化消费的重要内容，洗澡不仅成为一种民俗风情，而且亦几乎成为一种文化仪式。所谓"扬州三把刀"，堪称一绝的修脚刀，就代表着"沐浴文化"。走遍大江南北的各大城市，尤其是上海，凡是澡堂，无不回荡着悠扬婉转的扬州腔。扬州人洗澡就跟吃酒一样，所谓一人不喝酒，二人不赌钱，扬州人喜欢"请澡"，就和请客一样，但一般都是请一个颇为知己的朋友，想必是为了完善浴后一个重要文化内容——聊天——而设。

走进浴室，扑面而来的是一股特有的"澡堂味"，既说不上香，亦不能说臭，怪异里夹着一种颇有魅力的温馨氤氲，无形中将你带进一个不能自已的濡湿世界。跑堂的服务员一声堂喝："二位！"一下就把你引领进入浴的情境中。脱去衣裳，一个赤条条的自我没遮没拦地走向自然之境。入池前，先在盥洗间的小便池内哗哗地撒泡尿，一身轻松后，便款款入池，先在满是浑汤水的大池里泡上一个时辰，据说那浑浊泛白的垢汤水是养人容颜的，然后爬到锅池之上的笼屉隔板上，以毛巾作枕，四仰八叉地横陈在热气腾腾的蒸锅之上（与眼下的所谓桑拿浴、芬兰浴、蒸气浴原理功效相同），浑身毛孔舒张，快活之极，便吼上一嗓子京腔扬调，那洪亮的回音在闷热窒息的澡堂里如金石掷地，发出金属般的嗡响，渐渐地，便有了一丝睡意，那唱腔骤然下滑，慢慢地低沉下去，最后变成了气如游丝的哼哼唧唧。少顷，鼾声大起，伴着池内的嘈杂声，池外搓背的叫号声，真可谓一曲"沐浴交响乐"。

一觉醒来，早已夕阳西下。赶紧喊来搓背的澡工，躺在宽条的长凳上，一任搓背工翻来覆去地搓去你身上每个摺皱中的老古垠，当那一条条污垢从搓背工的手上纷纷落下，真有一种脱胎换骨的感觉。蜕皮之后，用木制的小桶在清洁的热水池中舀上一桶桶微烫的热水，从头到脚淋得个醍醐灌顶。

出浴，站在门口的澡工便用滚烫的热毛巾将全身擦拭一遍，入座，便又有热毛巾不断飞将而至，直到你身上的汗揩尽。躺下之后，你尽可要来花生米、茶干、瓜子一类的干果蜜饯，一边吃着，一边聊着。倘若你觉得腹中已有饥饿感，也尽可让茶房端来面条、馄饨之类的小吃，海阔天空地神聊，并不妨碍你修脚工夫，从捏脚到剪趾、修脚，至少得用去半个小时。

一杯茶（一般老浴客都自带上好的龙井或碧螺春）、一支烟，你尽可聊得个昏天黑地、忘乎所以。只要澡堂不是爆满，只要不是茶房一个接一个给你扔来热毛巾（暗示你可以动身了），你们的谈话便可一直延续到澡堂关门打烊。当然，如果是一个人洗澡，或是二人谈兴不浓，亦可略事小憩，朦朦胧胧打个盹。倘若还感到疲惫，不妨请来按摩工，一阵噼啪山响的揉搓捏拿，使你浑身筋骨酥软，欲仙欲死。只需敬上一支好烟，手到之处，便加了力道，更使你舒服无比。

待到一声："权衣裳！"才算宣告沐浴进入尾声。当你着衣戴帽，款款走出澡堂时，想必是早已过了掌灯时分。

显然，这种"沐浴文化"消耗的是大量时间，它带有农耕社会的文化特征，和昔日的茶馆一样，它注重营造的是一种群体的文化氛围和语境，它是沟通人与人之间、人与自然之间的一座桥梁。现如今，都市里除了那些平民百姓不敢问津的高档豪华的浴室外，已经很少再有那种群居的浴所了，它标志着一种文化的消失，它预示着一种新型的人际关系的诞生。我们的下一代已经不再知道本世纪里还有过那样的"沐浴文化",这是历史的进步,但也是文化的悲哀。

我们的沐浴再难洗出那种如诗如画的文化来了,即便有人着意去营造这样一个文化氛围,大约也无人敢来问津,人们恐怕染上摩登时代的性病。

呜呼!那随着世纪河流飘逝而远的"沐浴文化",那斑驳支离的文化碎片,将会成为未来世纪我们子孙打捞民情风俗的考古学内容,但愿这样的文字也可以作为历史见证的断篇残牍。

(四)沐浴洁身酿玉液

除污去垢、清洁卫生是沐浴的主要目的之一。为了更好地达到这一目的,我们的祖先很早就发现、发明了沐浴洗涤剂。

远在三千年前的周代,先人们就利用米汁水作洗涤剂。《礼记·内则》讲:"三日具沐,其间面垢,燂潘清靧。""沐稷而靧粱",沐,洗发;靧,洗面;潘,淘米水。意思是说,每隔三天洗发一次,三日之间,为了去掉脸上的积垢,用温暖的米汁水洗面。直到汉代，米汁沐浴仍然使用。据《史记·外戚世家》记载，汉文帝的皇后窦氏年幼时，因家境贫寒，弟窦广国被人买去，分别时，窦氏曾为他乞讨米潘洗头。

汉代出现名为"澡豆"的沐浴洗涤剂。澡豆是一种用豆粉、香料和动物胰脏合制而成的豆子状洗涤剂，专供洗澡时除污之用，故名澡豆。汉代还有专门贮存澡豆的"澡豆罐"，《西清古鉴》收录数件，造型各异。其一有盖、有足，"通盖高二寸四分，深一寸八分，口径一寸三分，腹围七寸七分，重八两。""按陶弘景十赉文有赍尔输石澡罐之语，盖盥漱所需也。"（图6）此俗传至魏晋时代，仍在贵族中流行。《世说新语》中多次提到贵族们使用一种小丸状的东西去垢，不知道的人常常误认为是食物。当时流传这样一则笑话：晋朝王敦"初尚主"，一次上完厕所回来，丫鬟们手擎盛水的金制面盘，又捧着盛澡豆的琉璃碗，请他洗手。他误认为澡豆是干饭就倒入水中饮用，惹得"群妾莫不掩口而笑"。唐宋时期，澡豆的制作技术大为提高，种类也越来越多，在唐代名医孙思邈的《千金翼方》中，记录了七十多种澡豆的制作方法。据说，有十一世纪改革家之誉的宋人王安石肤色黝黑，他的夫人让他用澡豆洗澡，王安石幽默地说："天生黑于予，澡豆其如予

何!"古典文学名著《红楼梦》是一部百科全书,其中不乏洗浴和洗涤剂的内容,请看第38回写大观园中螃蟹宴的情形:

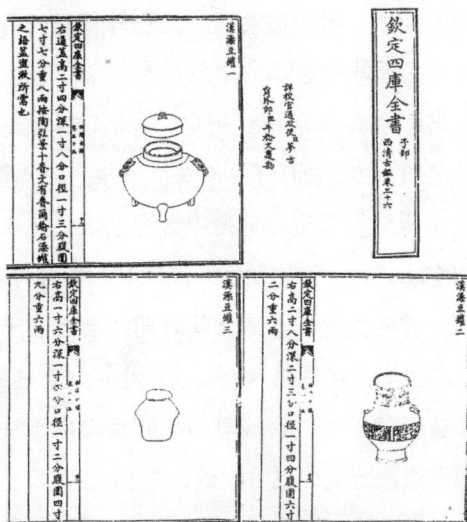

图6　汉代澡豆罐（采自《西清古鉴》）

凤姐吩咐:"螃蟹不可多拿来,仍旧放在蒸笼里,拿十个来,吃了再拿。"一面又要水洗了手,站在贾母跟前剥蟹肉,头次让薛姨妈。薛姨妈道:"我自己掰着吃香甜,不用人让。"凤姐便奉与贾母;二次的便是宝玉。又说:"把酒烫的滚热的拿来。"又命小丫头们去取菊花叶儿桂花蕊薰的绿豆面子来，预备洗手。

这里所说的"绿豆面子"是一种洗涤剂，它是用绿豆粉掺上皂角灰捏成的面团，再经过菊花叶儿和桂花蕊的香气蒸熏后制成，为澡豆的延伸和变异。

今人日常沐浴洗涤常用"肥皂"，其实中国古代就有肥皂，它与"皂角"和"肥珠子"有关。皂角，又名皂荚，是豆科植物皂荚树所结的果实。皂角中含有皂甙，其水溶液能生成肥皂样的泡沫，有去污的功能。汉代文献如《神农本草经》和《急就篇》曾提到皂角。南北朝时期社会上已出现出售皂角的店铺。唐代仍然使用皂角，据唐代小说《志怪录》记载，当时的宫人去泰陵上坟，曾摘皂角携回宫中用于洗涤。段成式的《酉阳杂俎》记载的更为明确："皂荚生江南地泽，高一二尺，沐之长发，叶去衣垢。"皂角有多种，不同种类的皂角去污能力的强弱不一样，唐代人认识到："猪牙皂荚最下，其形曲戾薄恶，全无滋润，洗垢不去。"而"皮薄多肉"、"味浓大好"的"肥皂荚"洗涤效果较好。(《新修本草》)后来又发现了一种新的植物洗涤剂，名叫"肥珠子"。这是一种圆形的乔木种子，圆黑肥大，其果肉、汁泡浸水中多泡，去污效果不错。宋·庄季裕的《鸡肋篇》中有关于肥珠子的记载："浙中少肥皂（按：指皂荚），洗衣浣衣皆用肥珠子。木亦高大，叶如槐而细，肉亦厚，膏润于皂荚，故一名曰肥皂。"至少在宋代已会制造"肥皂团"（宋·周密：《武林旧事》），肥皂团的制作方法并不复杂，将皂角捣碎，配以他物，做成橘子大小的团状即是。这里需要说明的是，古代的肥皂和现代的肥皂虽然同名、同义，但制作的原料和方法均不相同，如现代的肥皂是用化学的方法，将油脂和苛性碱或用油脂酸和苛性碱经中和作用制成，溶于水中才有起泡润湿、去污等功能。

在制作肥皂的原料中再加上香料即成"香皂"。香皂更适合于沐面浴身。明人李时珍在其《本草纲目》中记载了制造香皂的方法："十月采荚，煮熟捣烂，和白面及诸香作丸，澡身面去垢而腻润胜于皂荚也。"中国历史博物馆收藏一幅晚明人绘制的《南都繁会图卷》，该图卷中有"画脂杭粉名香宫皂"的幌子，说明当时香皂已成为商品出售了。明末清初时，江苏六合所产的香皂团曾名闻一时。《红楼梦》第58回中提到"香皂"：芳官和她干娘因洗头事争吵，袭人便取了香皂等，叫一个婆子给芳官送去，叫她另要水自洗，不要吵了。在清代，香皂又称"胰皂"、"胰子"，种类甚多，名称不同，如"引见胰"、"玉容胰"、"鹅油胰"、"双料皂"诸名。其所以把香皂称作胰子，主要是因为用动物的胰脏作为主要原料、配以香料制作而成。近现代意义上的肥（香）皂萌芽于清初，康熙年间即在宫廷中设立专门作坊仿造"西洋胰子"，供帝后妃子使用。十九世纪七十年代，英商美查在上海创办美查肥皂厂；九十年代，中国近代化学启蒙者徐寿的儿子徐华封亦在上海开办肥皂厂；1903 年，宋则久等人又在天津成立"造胰公司"。

以浣衣为主的洗涤剂，中国古代还有草木灰、天然碱等。《考工记》称，在丝染色以前，必须"以涗水沤其丝。"注曰："涗水，以灰所沛水也。"《礼记·内则》载："冠带垢和灰清漱；裳垢和灰清浣。"这里的灰，是指以稻草或粟柴烧成的草木灰；所谓以灰清洗，是指以灰冲水滤去残渣，用剩下的浸洗衣服，因为草木灰水中含有碳酸钾，有去污的功能。可见三千年前的周代人，已知道用草木灰洗涤衣服了。汉代人认为，冬天采集的藜科类植物灰洗涤效果较好，称之为"藜灰"或"冬灰"。"天然碱"在汉代《神农本草经》中称"卤碱"，是指卤水澄清留下的盐块，其硬如石，用它搓擦衣物上的油点可以去污。明代进入草木灰和天然碱综合利用时期，"石碱出于山东济宁诸处，人采蒿蓼之属，开窖浸水，漉起晒干，烧灰，以原水淋汁，每百引入粉面二三斤，久则凝淀如石，连汁货之四方，洗衣发面，甚为获利也。他处以灶灰淋浓汁，亦去垢发面。"（李时珍：《本草纲目》）中国古代还有一种混合洗涤剂，是用贝壳灰和"栏木灰"作用而成，因为生成的氢氧化钾能够除去附着在丝织品上的油脂，所以用它来洗丝。（《考工记》）对衣物上的一些特殊污垢，古人也有一些行之有效的办法："凡衣帛为漆所浼，即以麻油先渍洗透，令漆去尽。即以水胶熔开，少著水令浓，以洗麻油，顷刻可尽。""若白衣为油污，石膏火煅研细，掺污处，以重物压建夜则如初。如卒无此，则以新石灰亦佳，此皆以试效。"（宋·张世南：《游宦纪闻》）

二　人生礼仪的标志

（一）初涉人生的"洗三"

十月怀胎，一朝分娩。婴儿诞生后不久，产妇家的至亲为新生婴儿祝福，名曰诞生礼，其中与沐浴关系最为密切的是"洗三朝"和"洗儿会"。

在北京雍和宫法轮殿"五百罗汉山"前，放着一个精美的"鱼龙变化盆"。据说，清朝乾隆皇帝生下来三天曾用它洗过澡，所以又称之"洗三盆"。其实，过去无论帝王还是平民百姓生了小孩，都有"洗三"的风俗。诚如梁实秋所云："谁没有洗过澡！生下了第三天，就有'洗儿会'，热腾腾的一盆香汤，还有果子彩钱，亲朋围着看你洗澡。"[1]

洗三亦称"洗三朝"，初为汉族地区的诞生礼仪，后传播

---

[1] 梁实秋：《雅舍菁华·洗澡》，湖南文艺出版社，1990 年版。

到其它民族。清代崇彝的《道咸以来朝野杂记》讲："三日洗儿，谓之洗三。"据说，这样可以洗去婴儿从"前世"带来的污垢，使今生平安吉利。同时，也有着为婴儿洁身防病的实际意义。婴儿出生第三天，产妇家提前备好挑脐簪子、围盆布、小米、金银锞子，还有什么花儿、小镜子、刮舌子、新梳子、胭脂粉、猪胰皂团、新毛巾以及艾叶、姜片、花椒、生熟鸡蛋、棒槌等等。待"全家福"（儿女双全）的洗婴主持人到来后，熬煎"香汤"以洗婴儿。洗婴时，浴盆中放喜蛋和金银饰物，据说这样可以镇其惊吓。洗婴主持者是"全家福"的中老年妇女，谓之"吉祥姥姥"，洗时，一边洗，一边唱祝词。若是男孩，主持人则唱："长流水，水流长，聪明伶俐好儿郎。""早立子，胖小子，长命百岁寿星子。连生贵子，连生贵子。"有时主持人还拿着棒槌，一边搅水，一边念叨："一搅二搅三连搅，哥哥领着弟弟跑；七十儿，八十儿，歪毛儿，淘气儿，希哩唿噜都来了。"最常见的祝词是："先洗头，做王侯；后洗腰，一辈倒比一辈高；洗腚蛋，做知县；洗腚沟，做知州。"古时也有用"虎骨汤"洗婴者，伯二六六一《诸杂略得要抄子》云："小儿初生时，煮虎头骨，取汤洗，至老无病，吉。"不少地方还有三日为婴儿"落脐灸囟"的习俗，南宋孟元老的《东京梦华录》及吴自牧的《梦粱录》等均有婴儿"三日落脐灸囟"的记载。洗三礼俗起源甚早，司马光在《资治通鉴》中记载唐代"洗三"时讲了一个真实的故事："上（唐玄宗）闻后宫欢笑，问其故，左右以三日洗禄儿对。上自往之，赐贵妃洗儿金钱。"洗三朝本来是人生礼仪中严肃的事情，杨贵妃为比她年龄还大的干儿子安禄山洗三，实在是一场闹剧。梁实秋在《洗澡》一文中幽默地说道："被杨贵妃用锦衣大襁裹起的安禄山，也许能体会到一点点'洗三'的滋味，不过我想当时禄儿必定别有心事在。"①

与洗三朝情形相类似的是婴儿满月时举行的"洗儿会"。《东京梦华录》载：洗儿会时，"亲宾盛集，煎香汤于盆中，下果子彩钱葱蒜等，用数丈彩绕之，名曰'围盆'；以钗子搅水，谓之'搅盆'；观者各撒钱于水中，谓之'添盆'。"

洗三朝和洗儿会是喜庆事，亲朋好友送贺礼，名曰"洗儿钱"，或曰"洗儿果子"。唐人王建在其《宫词》一诗中这样写道："妃子院中初诞降，内人争乞洗儿钱。"韩偓的《金銮密记》记载："天复二年（公元902年），大驾（唐昭宗）在

---

① 见梁实秋著《雅舍菁华》，湖南文艺出版社，1990年版。

岐，皇女生三日，赐洗儿果子。"蔡絛《铁围山丛钞》记述得更为详细：宫廷中"诞育皇子、公主，每侈其庆（指洗三朝）。则有浴儿包子，并赍巨臣戚里。包子者，皆金银大小钱、金粟、涂金果、犀玉钱、犀玉方胜之类。"最有"文化"特色的要算宋人梅尧臣五十八岁时得幼子，为宝贝儿子洗三朝时所得到的礼物了，它既不是钱，也不是物，而是当时的名流、政要欧阳修、王安石和弼富所作的"洗儿诗"。这对梅尧臣夫妇及其幼子说来，比什么钱物都珍贵。民间当然无法与宫廷、官宦人家相比，所送的"洗儿钱"多为婴儿日常用品或长命锁之类，但礼轻情义重。

　　位于我国青海省境内的蒙古族人也有与汉族类似的洗婴仪式，虽然时间不一定是三日、满月，仪式也稍有不同。他们待孩子落脐后，就要请喇嘛或长辈给孩子命名，在给孩子命名的同时便请喇嘛择日，举行洗浴仪式。被邀请的客人们带着衣物、褓褓、绸缎、羔皮、布料等礼物赴宴。宾客主要是妇女。格尔木地区洗婴时，专请"包带额吉"（即包扎脐的大娘），用煮羊胸和羊肠款待她。"包带额吉"当着客人的面洗婴。洗后在平躺的婴儿上方按时针方向举转煮熟的羊胸和羊肠，口念"浩吉！浩吉！"意为其招来弟妹。在德令哈地区，客人到来之前，由产妇怀抱婴儿，"包带额吉"洗婴。两地洗浴的时间不同，但洗浴的方法基本一样。一般用茯茶水、盐水、肉骨汤洗浴。把浴水倒入大盆内，不烫手温热即可。水中放入绿色杜松叶、拳头般大小的石头、羊踝骨。先用杯子盛少许浴水，洗浴婴儿头部，后将婴儿放入盆中，脚蹬石头洗浴。用茶水洗，意为婴儿像茶一样不可缺少，倍受尊敬（茯茶是蒙古人生活中不可缺少的，又是赠送他人的珍贵礼物）；用盐水洗，既能消炎，又可增强耐寒力；用骨肉汤洗，可防治气虚。杜松叶预示着像松树一样长命百岁，永葆青春，并可消炎；石头预示着强壮结实。

随着基督教、天主教的传入和中外文化交流的影响，西式的诞生礼仪也传入中国。西式的诞生礼仪是以沐浴为基本特征的，按照基督教、天主教的说法叫作"洗礼"。洗礼通常在教堂的洗礼场所举行，由该教堂的主教主持。洗礼的主要设备是一个大水盆，注入清水。孩子浸入水后，主教即开始主持仪式，主要有祈祷、读经文及解说、给孩子赐福、教父教母命教名、施礼、在孩子的额上画十字等。仪式结束后，让孩子爬出水盆，授给一件清白的长袍以象征其纯洁无瑕，再给他涂上圣油送往教堂，接受祝贺。

世界各地的浴婴礼（习）俗不但相当普遍，而且各有特色。尼泊尔孩子出生后十天洗澡。缅甸婴儿出生半个月举行命名礼，同时第一次给孩子洗头。马来西亚婴儿下生后，接生婆要举行"吐涎"仪式，即把涎液吐在婴儿的脸上，意为驱除恶魔；然后用一枚金戒指为婴儿启唇，掏出口中的秽物，并为之沐浴；第三天宴请亲友，满月后再盛宴庆贺。非洲的乞力马扎罗山区以牛奶和牛乳房血混合为婴儿洗礼。印尼苏门答腊北部地区婴儿沐浴礼在命名之前举行，举行仪式时，把婴儿放在水桶里，由四名妇女撑开一块白布，遮住婴儿的头顶，然后在白布上方用力劈椰子，使椰汁透过白布滴在婴儿头上，然后再用清水把婴儿擦洗干净。

谈到婴儿的沐浴不能不提及婴儿的母亲。中国古史传说：殷商人的祖先叫契，契母简狄为有娀氏之女，她与姊妹三人行浴（洗澡）于玄丘之水，看见玄鸟（燕子）从天空坠下一个蛋来，简狄把这枚蛋抢来吃了，后来就怀孕生了契。看来古人认为怀孕也与洗澡有关了。出于卫生和保健考虑，孕妇可以沐浴，阴部要经常清洗，但生孩子"坐月子"期间，一般不能洗头，更不能洗澡。

（二）新郎新娘的沐浴

在我国，自古以来，婚姻就被作为人生的一件大事看待。《中庸》云："君子之道，造端乎夫妇，及其至也，察乎天地。"《易经》也讲："天地絪缊，万物化醇；男女构精，万物化生。人承天地，施阴阳，故设嫁娶之礼者，重人伦，广继嗣也。"在婚礼中也包括沐浴方面的内容。不过，不同的地区、民族，新人沐浴的情况并不完全相同，有的还超过了新郎新娘的范围。

汉族地区的婚礼，男女都要洗浴，以示其新。广东的潮州地区流行泼水上轿。新娘上轿前，母亲端一盆清水，一边洒上花轿，一边祝福道："钵水泼上轿，新娘变新样。"另外一种不同形式的泼水习俗是女方向婆亲人泼水，在青海省民和、乐都、平安、湟中、湟源等县的汉族人中流行。女方在婆亲者未到之前，由新娘的女伴们在大门口两旁、巷口两侧及门顶置贮水器，婆亲人一进入女方的家门，新娘的女伴们便向他使劲泼水。他们认为："清水泼身，祥云顿生，护送新娘，吉星照临；清水落地，大吉大利，新郎新娘，财发万镒。"汉族的传统婚礼程序包括"轿前仪"和"拜华堂仪"等，在拜华堂仪中有沐浴：

　　引赞：新郎就位，新娘亦就位，迎神。

　　通赞：新郎沐浴，进香烛。

　　引赞：著水，沐面，净巾。诣香烛所，捧香烛，诣神位前。跪，献香烛。明烛，燃香，上香，伏俯，兴，平身复位，参神。

　　通赞：跪，叩首，再叩首，兴，行献礼。

　　引赞：诣酒樽所，捧爵，捧黄文，捧祝文，诣神位前，跪，献爵，献黄文，献祝文，止乐，读祝，叩首，再叩首，六叩首，兴，平身复位。

　　引赞：辞神。

　　通赞：叩首，再叩首，九叩首，复跪，执事者奠爵，焚黄文，焚祝文，起立，礼毕。

　　引赞：诣祖先堂前。

汉族地区还普遍流行一种为新娘"开脸"的"准沐面"。开脸亦称绞面、绞脸、择脸、升眉、开面，即对新娘面部的修饰。一般为绞汗毛、细眉毛、齐鬓角、涂脂粉。女子一生只开脸一次，表示已婚。红楼梦第16回载，古时女子在婚娶前头三天进行。近代一般在结婚当天的下午，闹新房之前；

陕北、江淮、皖南等地则放在新婚后的第二天上午。延安地区，新婚的第二天清晨，新郎新娘先吃饭，后洗脸，接着新郎拿一个剥去皮的熟鸡蛋，在新娘脸上擦抹几下，并拔掉她脸上一根或几根汗毛。合肥地区，新娘的妯娌或"全福人"先在新娘脸上均匀地扑上香粉，然后用合好的彩色丝线撵花，两手拉着线的两端，用牙齿再咬起线的中间，三处协调用力，一起一落，一松一紧，把新娘额前、鬓角的汗毛揪掉，意为让新娘别开生面，故名。安徽淮北地区农村，婚娶人家要送红鸡蛋给为新娘开脸者。开脸时，为新娘开脸者要给新娘唱预祝生育的《开脸歌》。

一般说来，嫁闺女是要陪送嫁妆的，而嫁妆中绝对少不了盥洗器，尤其是战国至汉晋流行的绘有双鱼的盥洗盆最意味深长。（图7）按照我国传统的思想，鱼这类动物不仅与人类的生活息息相关，而且还被视为祥瑞动物。鱼的谐意为余、馀，人们往往以此来表达祈求富裕，如"年年有余"之类的美好愿望；鱼又是多籽动物，人们也常借此表达多子多福的心愿。在我国古代语言中，鱼又是情侣、配偶的代名词，寓有婚配与交媾的含义。早在我国第一部诗歌总集《诗经》中即不乏这类记载。《齐风·敝笱》是一首讽刺齐襄公与其妹文

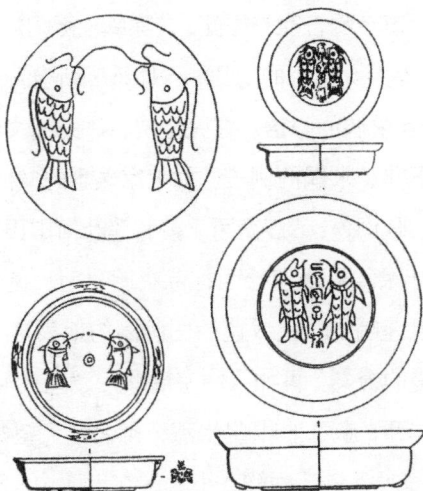

图 7 汉晋时期的双鱼盥洗盆 (采自《东南文化》1996 年第 2 期)

姜私通的诗，其文曰："敝笱在梁，其鱼鲂鳏。齐子归止，其从如云。敝笱在梁，其鱼鲂鲌。齐子归止，其从如雨。敝笱在梁，其鱼唯唯。齐子归止，其从如水。"这里以敝笱隐喻文姜，以鱼隐喻齐襄公。"其鱼唯唯"本是指鱼相互追逐，这里则是隐喻男女互相追求爱慕之意。在古代典籍中，鱼不仅是情侣、配偶的代名词，而且以鱼的相互追逐、游戏比喻男女的相互追求，同时与鱼有关的吃鱼、捕鱼、钓鱼等同样是作为私情、交媾的隐讳语言。《诗经》之《桧风·匪风》中的

"谁能烹鱼"，烹鱼喻合欢与婚配；《陈风·衡门》中的"岂其食鱼"，食鱼为男女相恋的隐语；《邶风·新台》中的"渔网之设"，是男女求偶的隐语。在民俗资料、民间文学中，也不乏以鱼象征配偶、求偶的例子。如大家熟悉的《江南曲》，是一首采莲歌，歌词为："江南可采莲，莲叶何田田，鱼戏莲叶间。鱼戏莲叶东，鱼戏莲叶西，鱼戏莲叶南，鱼戏莲叶北。"以鱼喻男，以莲喻女，鱼戏莲的图画隐约地表达了男女间相互追求、欢爱的含义。再如《仲家情歌》："鱼在河中鱼显鳃，花在平河两岸开，鱼在水中望水涨，哥在床上望妹来。"《晋宁民歌》："一对鲤鱼活鲜鲜，小妹来在大江边，要吃小鱼随郎捡，要吃大鱼要添钱。"等等，均以鱼比喻婚恋。既然鱼富有爱情与婚配的隐意，那么以鱼纹盥洗器作为新婚嫁妆，也就顺理成章了。另外，还有一种鸳鸯图案的盥洗盆，其喻涵与双鱼盆相似。

藏族同胞，新娘出嫁前也要洗浴，有《哭嫁歌》为证：

> 忍着泪水来打扮打扮，
>
> 已经到了最后的时间，
>
> 娶你的马儿已经备好了鞍，
>
> 迎你的路席也会摆在大路边。

> 姑娘来吧，
>
> 再不要哭哭啼啼多为难。
>
> 穿上你的盘袄，
>
> 梳上你的"阿勒"，
>
> 佩上你的"珈琅"，
>
> 戴上你的耳环，
>
> 插上吉祥的孔雀毛，
>
> 再用净水洗洗脸。

居住在青海省西宁市一带的藏民，在其民间婚俗中有"泼水相见"的习俗。新婚之夜，女方亲属要到男家赴宴。男方必须安排好两桶水，水中加些牛奶，调成薄糨糊状，放在大门旁或者门楼上，派一个人等候在水桶边。当女方的亲属来到大门口时，男方将和有牛奶的两桶水，劈头盖脸地洒泼过去。女方的亲属即使穿着锦绣的新衣，也是不容退避的，反而要争先恐后地去迎着泼水前进。倘若男方不泼水，或者女方亲属不肯冒水前进，都被认为是对对方的有意怠慢。这里的泼与被泼，都是一种欢庆。而四川省阿坝地区藏民们的迎亲者被泼水，意义就大不相同了。结婚日，当男方迎亲人到女方家门时，新娘的伙伴们手捧盆水猛地泼去，甚至掷雪球、土块及刺人痛痒的蝎子草，并说："不准你们把我们的伙伴带走！"看来这很可能是古代抢婚的遗俗。外国也有与我国类似的婚礼泼水。如缅甸若开人的婚俗是"女婿登门"，当新郎进入新娘家门时，小姨子在门口向他脚上泼水，并讨要洗脚钱。

湖南西部的苗族，其婚礼沐浴，以为新娘"洗和气脸"最有特色。新娘来到男家时，男方的一个长辈端来一盆清水，里边放银手镯一只，新娘和夫家男女老少要共用这盆清水洗脸，表示以后全家能和睦相处，幸福美满。其俗源于一个传说：据说过去有一个叫"牙娘"的女人，经常搬弄是非，并且往往与出嫁的姑娘假装亲热，使其染上与夫家吵闹打架的恶习。于是老祖宗脱下银手镯放在水盆中，让新婚人家共同洗脸，以此禳解。

婚俗中的新人洗浴，不只是中国所特有，世界范围内也不乏其例。土耳其的"新娘澡"在婚礼的前一天进行，届时新娘或其母亲邀请一些女友、女眷和婆母到澡堂洗澡，以涤荡身上的污垢，迎接新的生活。罗马尼亚女青年在出嫁前夕，用母亲清早第一次从井里或河里打来的"净水"洁身，水中还放些甜牛奶、纯蜂蜜和香玫瑰之类，以象征将来爱情的甜蜜。

（三）魂归西天的洁身

死人，对家庭和社会都产生重要的影响。在古代，人们相信灵魂不死，总希望亲人在阴间如同阳间一样得到安宁乃至过得更好，因而特别重视治丧，并形成了一整套丧葬礼仪。其中，为死者沐浴是不可缺少的礼仪之一。在出葬前的准备工作中，首先要给死者沐浴、换衣、穿戴、整容。《礼记·檀弓上》在讲到为死者沐浴、穿戴时说："掘中霤而浴，毁灶以缀足。"孔颖达《疏》云："中霤，室中也。死而掘室中之地作坎……一则言此室于死者无用，二则以床架坎上，尸于床上浴，令浴汁入坎，故云掘中霤而浴也。"一般说来，中霤而浴是殷俗，而周俗是以盘承汁。就汉族地区流行的丧礼沐浴而言，大体上与生人一样，除浴身外，还包括剪指甲、修胡须（男性）等。被沐浴的死者如果是男性，就用男侍；女性，则用女侍。沐浴时，死者的亲属暂时退出。沐浴后，再在停尸的床下放上盛冰的盘子（有冷冻防腐之意），沐浴就算结束了。

在"未亡送终"的习俗中，要对将死而未死者洗浴换衣。安徽合肥地区，人将死而未死时，家人为之购买纸轿、纸马、纸轿夫等焚烧于门前，焚烧后，用东西将灰烬遮好，以防被风吹走。把垂死者移入堂内，移时用伞罩住，意思是免见天日。同时请胆大的人将垂死者全身洗净并为之换衣，将换下来的旧衣塞进棺里。等到垂死者断气，把遮灰的东西搬开，让灰烬任风吹去，使死者干干净净地乘着轿、车奔赴西天。

　　为了使死者的灵魂超脱苦难，往往要请僧人或道士举行拯救亡灵的超度仪式。道教《无上黄箓大斋立成仪》中保存了象征亡灵从地狱升往天堂的一整套仪式，包括破狱、召灵、沐浴、朝真、咒食、炼度、升度等。破狱以灯为象征，将亡魂从酆都九幽地狱中解救出来；召灵是将亡灵召到醮坛上；沐浴是除去亡灵的阴气和尸秽；朝真是让亡灵向太上三礼；咒食是给予亡灵天上的食品；炼度是使亡魂重新获得新的身体；升度是向亡灵传授九真妙戒牒和升天左右券等戒、符，通过法桥将亡灵引进天堂。整个超度过程都有道士诵经。在所诵经文中与沐浴有关的有《净魂还形咒》、《丹阳咒》、《太上沐浴符命》等。《净魂还形咒》的内容为"天灵地荣，九泉肃清，五官六腑，神华鲜明，三光镇固，万炁（气）克盈，金方度人，命禄字生，沐浴洁雪，天地同根。"高功对《丹阳咒》的说文讲："涌涌九龙水，浩浩九天霞，能消前生罪，来归有善家，形体皆沐浴，足下彩云发。沐浴已周，形体已净，华幡飘召，受度灵魂。"《太上沐浴符命》的内容是："太上符命，普度亡魂，澡身质浴，灌浊流清；顷消累世业愆，洗荡多生罪垢；使神魂之清净，宜冠带以超生。"

为死者沐浴并非汉族所特有，全世界的伊斯兰教徒都为死者沐浴。1982年6月13日"归真"的沙特前任国王哈立德葬礼中的沐浴仪式是这样的：葬礼开始前，国王的遗体略整须发，清除身窍内的污垢后，即抬至特制的木床上，用温水洗两遍，冲一遍，拭净，穿尸衣。由于他生前的特殊地位，因此执行洗涤遗体的是年高德劭的王叔，浇水的是两位王弟。如果死者是王后，沐浴遗体及穿尸衣的工作需要由国王或王后的女性亲属进行，两乳上要覆一块白布条，下身骑一块白布条。甲午战争中为国捐躯的民族英雄左宝贵，是一位虔诚的穆斯林，他捐躯前，按照教规，进行了一次全身沐浴。回族学者丁文方教授在其长篇历史演义小说《左宝贵》中这样描写道："……左大人从榻沿上站起说，韩方赶快为我备水，我要洗乌斯（回族习惯，在行大礼、出远门或临终前，按照一定程序沐浴净身），先作了韬拜（临终前向真主祈祷）再说吧！现在就请阿訇开经！其它人赶快上城防守就是啦！"当然也有例外的情况，对"圣战"中牺牲的烈士遗体的殡葬，可以带血不洗。我们的邻邦尼泊尔人，在咽气之前，要抬到巴格玛蒂河畔，用"圣水"洗净双脚，然后再火化。缅甸的孟族人亲人死后不能移动遗体，在死去的地方由整容师分别用冷水和热水给死者沐浴。热水象征死者能承受佛家三十一界十一次大的焚烧；冷水代表法水。沐浴后，打碎盛水的罐子丢在大树下，放好摆渡钱。尸架也同时做好，分为四层，代表地、水、风、火。尸架上铺竹片，男六层女七层，尸架下面的绳索上铺席放尸。

安葬礼仪多种多样，其中有一种葬式叫"水葬"，它不是一般意义上的为死者沐浴，而是将死者的遗体投于江河或海水中。藏族和门巴族中等级较低的人一般实行水葬，西藏地区夭亡、凶亡或传染病亡者贬为水葬，而在四川甘孜藏族自治州则普遍实行水葬。江河急流的地方有固定的水葬场。人死后在家停放一至三天，点长明的酥油灯，并请喇嘛超度亡灵，请司水者将尸体屈肢，在前胸缚一巨石，然后投入水中。也有将尸体用牲畜驮运，或由近亲背到水葬场，以刀斧断尸投水，或全尸投水的。死者生前用物归司水葬者所有。属于死者个人的财产，半数交给地方政府，半数交给寺院，作为布施。

三 巫儒文化的分支

（一）巫术巫教与沐浴

巫教以巫师为主导，以巫术为技术。就具体方法而论，巫术有祈求式、比拟式、接触式、诅咒式、灵符式、禁忌式和占卜式等。与沐浴有关的巫术也是由巫师掌管的，如《周礼·春官·女巫》即讲巫师"掌岁时祓除衅浴"。衅浴即沐浴。

巫师沐浴歌舞邀神降临是一种历史悠久的巫术形式。屈原在其《九歌·云中君》中这样描写道：

浴兰汤兮沐芳，华采衣兮若英。

灵连蜷兮既留，烂昭昭兮未央。

謇将憺兮寿宫，与日月兮齐光。

龙驾兮帝服，聊翱游兮周章。

灵皇皇兮既降，猋远举兮云中。

览冀州兮有余，横四海兮焉穷。

思夫君兮太息，极劳心兮忡忡。

这首很像情歌的诗描绘的是巫师们沐浴芳香，盛装华服，用迷人的舞蹈和音乐招引女神降临的场面。

有一种祈求降雨的巫术方式是水泼巫师。干旱是一种自然灾害，对人们的生产、生活都有很大影响。据《历代神仙通鉴》记载，古代的雨师赤松子好像就是一位巫师的形象："（神农时）川竭山崩，皆成沙碛，连天亦几时不雨，禾黍各处枯槁，有一野人，形容古怪，言

赤松子（明）

图8　赤松子（明）（采自马书田

著《华夏诸神》

语癫狂，上披草领，下系皮裙，蓬头跣足，指甲长如利爪，遍身黄毛覆盖，手执柳枝，狂歌跳舞，曰："予号赤松子，留王屋修炼多岁，始随赤真人南游衡岳。真人常化赤色神首飞龙，往来其间，予亦化一赤虬，追蹑于后。朝谒元始众圣，因予能随风雨上下，即命为雨师，主行霖雨。"（图8）在中国

古代的传说中，龙往往具有降雨的神性，如《山海经》中的应龙、烛龙和汉代的土龙等。佛教传入中国后，佛经中所称大龙王"莫不勤力兴云布雨"之说也有影响。故此，民间祈雨除祈求雨师外，还祈求于龙王。在近代民间的祈雨习俗中，有的地方民众敲锣打鼓，用水猛泼巫师，即所谓淋巫师而降大雨。当然也有采用曝晒龙王或雨师的方法祈求降雨的。

沐浴占卜也是古人常用的巫术方法。中国古代占卜多用龟甲，而龟为水中动物，经常沐浴在水中。用龟甲占卜，占卜前，"常以月旦祓龟，先以清水澡之，以卵祓之"（《史记·龟策列传》）。也就是张守节《正义》中所言，"以常月朝清水洗之，以鸡卵摩之而祝。"《龟策列传》记载东周宋元王杀龟取甲仪式中特别讲了"择日斋戒"：宋元王得到一只大龟后，"向日而谢，再拜而受。择日斋戒，甲乙最良。乃刑白雉，及与骊羊；以血灌龟，于坛中央。以刀剥之，身全不伤。脯酒礼之，横其腹肠。"还有一种占卜方法是"筮占法"，即用蓍草占卜。筮前祝祷仪式中要求筮者衣洁手净。朱熹的《筮仪》中这样写道："将筮则洒扫拂拭，涤砚一，注水；及笔一，墨一，黄漆板一，于炉手上。筮者齐洁衣冠，北面，盥手焚香致敬。两手奉椟盖，置于格南炉北，出蓍于椟。去囊解韬，置于椟东。合五十策两手执之，熏于炉上。命之曰："假尔泰筮有常，某（姓名）今以某事云云，未知可否，爰质所疑，于神于灵，吉凶得失，悔吝忧虞，惟尔有神，常明告之。"

上古时期巫、医同源，讲究用灵液驱邪、治病，其后的道教和民间宗教都惯用符水。符水有两种：一种是用清水冲合符或篆纸烧成的灰；一种是把符篆纸放在白水或加中药的水中煮沸。符水的使用也有两种方式：一是内用，即服（饮）用符水；一是外用，即用符水擦拭。北京齐化门有个东岳庙，据《宛署杂记》卷17记载，明代该庙每年在东岳大帝的圣诞之日（农历3月28日）都举行祭祀活动，香客们以神水洗目治眼疾：

> 规制宏广，神像华丽。国朝岁时敕修，编有庙户守之。三月二十八日，俗呼为降生之辰，设有国醮，费几百金。民间每年各随其地预集近邻为香会，月敛钱若干，掌之会头，至是盛设，鼓乐幡幢，头戴方寸纸，名甲马，群迎以往，妇人会亦如之。是日行者塞路，呼佛声振地，甚有一步一拜者，曰拜香庙。有神浴盆二，约可容水数百石，月一易之，病目人虔卜得许，一洗多愈。

这里用神水洗目治疾虽非由巫师操作，但巫术性质则不言而喻。

（二）祭天封禅与沐浴

古人信仰昊天厚土，所以祭天祭地。其所以祭天是因为天，"巅也，至高无上"（《说文解字》）；祭地是因为地为万物之母。祭天祀地都需要身洁、心洁。

祭天祭地是国家的重大典礼。历代在祭天祭地典礼的细节上虽然不尽相同，但在大节上却相似。周代的祭天大礼在都城南郊的圜丘举行，圜丘又作圆丘，是体现天圆地方观念的象征性建筑。圜丘祭祀的主祀人为周天子。

祭前的准备工作与沐浴有关。祭祀的前十天，周天子要到祖庙祭告，然后到祢室占卜，如果卜吉，天子便来到泽宫，选择一些臣僚为助祭，由有关官员宣读关于斋戒祭祀的誓词。天子和助祭臣僚们恭敬聆听。从卜日开始，天子和助祭臣僚斋戒，熟悉祭天的礼仪，还要省视将要敬献给天帝的牺牲是否合格以及祭器是否清洁。

北京是我国的古都，明代建有天坛、地坛，都是帝王祭祀天地的地方。为方便帝王祭祀前斋戒沐浴，在天坛、地坛等祭祀性功能的建筑群体中，建有"斋宫"。明代帝王在祭天大礼举行之前要散斋 4 日，致斋 3 日。在祭礼过程中，当赞礼官唱"奠玉帛"时，皇帝来到盥洗位。太常卿赞："前期斋戒，今辰奉祭，加其清洁，以对神明。"皇帝搢圭（将手中所持圭插入腰带），洗手；出圭，走向祭坛。太常卿再赞："神明在上，整肃威仪。"乐奏《肃和之曲》。……当赞礼官唱"行初献礼"时，皇帝来到爵洗位，搢圭，洗爵、拭爵，然后把爵授予执事者，出圭。协律郎举麾，乐奏《寿和之曲》，奏乐时，同时舞《武功之舞》。

在国家级的祭祀活动中，还有一个名曰"封禅"的祭祀大典。所谓封禅，按照《史记·封禅书》张守节《正义》解释："此泰山上筑土为坛以祭天，报天之功，故曰封；此泰山下小山上除地，报地之功，故曰禅。"《汉书》的作者班固在其《白虎通义》中也有类似的说法："故升封者，增高也；下禅梁父之基，广厚也；刻石纪号者，著己之功绩以自效也。天以高为尊，地以厚为德，故增泰山之高以报天，附梁父之趾以报地，明天地之所命，功成事遂，有益于天地，若高者加高，厚者加厚也。"说得通俗一点，就是"功成事遂"的帝王到泰山祭天、祭地。在中国历史上，封禅泰山的帝王甚多。传说中先秦有七十二代君王封禅泰山，这虽然不能完全当作信史，但也有其历史的影子在。明确无误到泰山行过封禅的帝王有秦始皇嬴政、汉武帝刘彻、汉光武帝刘秀、唐高宗李治、唐玄宗李隆基、宋真宗赵恒等。

封禅既然是国家级的祭祀大典，因而也就十分重视斋戒沐浴。据《公羊传·隐公八年》记载，周天子"有事于泰山，诸侯皆从泰山之下，诸侯皆有汤沐之邑焉。"注云："有事者，巡守祭天告至之礼也，当沐浴洁斋，以致其敬。"汉武帝为方便封禅，曾在泰山东麓建"明堂"，其形制为中有一殿，四面无壁，茅草盖顶，四周水绕，在空中架设通道，上有楼。汉武帝不仅在此斋戒沐浴以待封禅，有时还在这里祭祀上帝、祭祀祖先和诏见群臣。汉光武的封禅与斋戒沐浴也有关系。据说光武帝刘秀斋戒读谶书《河图会昌符》，读到"赤刘之九，会命岱宗。不慎克用，何益于承。诚善用之，奸伪不萌"之语时，颇有感悟，认为"赤刘之九"就是指自己，这里暗示他要行封禅。经过一番紧锣密鼓的准备，于建武 32 年（公元 56 年）正月 28 日从洛阳出发，2 月 22 日驾至奉高城（旧址在今泰安市郊区），斋戒沐浴，恭候准备就绪。十日后诸工事毕，光武帝率太尉赵熹等，清晨燎祭上天于山下，然后乘轿上山，登临封禅台，行登封大礼。两天后禅于梁父山。

在泰山封禅史上，最后一位封禅的帝王是宋真宗赵恒。按照古制，封禅的必备条件是"受命于天"和祥瑞毕至（即国泰民安）。宋真宗在位时，强邻压境，国弱民穷，边军乏食，饥民待哺，显然不具备封禅的条件，但是为了稳定局势，愚弄民心，只好设法封禅，借助神力。为给封禅提供依据，不得不采取伪造祥瑞的行径。"伪造"举动之一是，泰山有醴泉发现，王钦若立即"贮水驰驿以献"，被宋真宗视为"灵液"。未几日，又伪造"天书降于泰山醴泉北"。有了一系列"祥瑞"，这样宋真宗就可以到泰山行封禅了。宋真宗的封禅礼仪中有多次盥洗的场面。泰山管理部门根据历史文献记载整理的《仿宋真宗封禅仪式表演程序》之五为"盥洗"：帝至香案前。赞礼官唱"盥洗行事"，冯拯跪接帝圭退交仪卫长；赞礼官唱"捧盆"，助祭捧盆呈帝，帝净手；赞礼官唱"呈巾"，助祭捧巾呈帝，帝拭手；赞礼官唱"礼事毕"，助祭退。

明清时期，在泰山祭祀天地的封禅活动演变为祭祀泰山神。祭祀泰山神也与沐浴有关。康熙、乾隆两位清帝曾多次到泰山祭祀，岱庙内的东御座曾是乾隆皇帝的休憩驻跸之所。八旬高龄的乾隆皇帝到泰山祭祀时曾作《谒岱庙瞻礼作》诗一首，诗曰："来因瞻岱宗，岱庙谒诚恭。封禅事无我，皁安祈为农。代天敷物育，福国锡时雍。九叩申虔谢，八旬实罕逢。"这位帝王的"谒诚恭"不仅表现在八旬瞻岱宗和"阜安祈为农"上，还表现在瞻礼中的清洁上。岱庙内现存一件据说是当年乾隆皇帝斋戒时使用的瓷质浴盆，浴盆长150厘米，宽18厘米，深35厘米，椭圆形。盆沿上有一组阴刻文字，分别是"浴德定无瑕"、"洗心元不累"和"四海恩波"。显然这件浴盆上的文字与前引乾隆皇帝的诗作，在深层内涵上是一致的。

（三）祭祖祭孔与沐浴

祭祖是由原始的祖先崇拜演变而来，子孙后代出于对祖先的崇拜、怀念而祭祖。因为一代又一代死去的祖先很多，不可能对所有死去的祖先一一分别祭祀，所以就把远近祖先的神主集合到太祖庙内大合祭，这叫作"祫祭"。祭祖的主祭人要由祖先的直系子孙担任。祭祀之前，要进行修除、择土、卜日、斋戒沐浴等准备工作，斋戒沐浴的目的是"洁"，即身洁和心洁。祭祀之日，入庙后先到太室行祼礼，用圭瓒舀一种叫作郁鬯的香酒，灌于地，以告知先祖降临接受。

祭孔即祭祀孔子，对孔子的后裔而言是祭祖，对非孔姓和国家而言是祭先贤。祭孔往往是二者兼而有之。孔子（公元前 551—公元前 479 年），名丘、字仲尼，春秋时期鲁国（今山东曲阜）人。传说孔子的诞生就与沐浴有关。颜征在（孔子之母）生孔子的那一天，夜梦两条苍龙自天而降，两位神女手捧香露从天空冉冉而来，征在以香露洗浴，同时天奏仙乐，不久生下孔子。孔子"十有五而志于学，三十而立，四十而不惑，五十而知天命，六十而耳顺，七十而从心所欲，不逾矩"。他一生以"克己复礼"为己任，既是周礼的修订者，也是周礼的实践者和捍卫者，"沐浴而朝"是其具体表现之一。他生前虽然不怎么得志，但死后却被越抬越高，由孔子开创的儒家思想成为中国漫长封建社会中占有统治地位的思想，汉武帝"罢黜百家，独尊儒术"；唐玄宗封他为"文宣王"；宋真宗封他为"玄圣文宣王"（后又改封为"至圣文宣王"）；元成宗封他为"大成至圣文宣王"；明世宗加封为"至圣先师"。孔子成了公认的、至高无上的"圣人"。

祭孔或曰祀孔，有家祭和国祭之分，无论是家祭还是国祭，都随着孔子地位的抬高而越来越隆重，仪式越来越烦琐。祭孔开始于孔子死后若干年。鲁哀公将孔子生前"所居之堂"辟为"寿堂"，令其子孙"岁时奉祀"。但由于孔子思想在其生前没有被执政者采纳和死时的地位不高，当时的祭祀还十分简单，孔子的弟子及鲁人"往从冢而家者百有余室，因命曰孔里。鲁世世相传以岁时奉祀孔子冢，而诸儒亦讲礼乡饮大射于孔子冢。"（《史记·孔子世家》）刘邦建立汉朝后，表面上讲"无为而治"，实际上推崇孔子思想，于高祖12年（公元前195年）途经鲁时，用太牢祭祀，这是用最高的祭天大礼祭孔，开国祭孔子之先河。此后孔子得到官方朝臣们的奉祀，这种国祭大典一直延续到民国年间。亲自莅临祭孔的帝王除汉高祖刘邦外，还有汉明帝刘庄、汉章帝刘炟、汉安帝刘祜、北魏孝文帝元宏、唐高宗李治、唐玄宗李隆基、北周太祖郭威、宋真宗赵恒、清圣祖玄烨、清高宗弘历，清高宗八次祭孔，为历代帝王之冠。算来国祭孔子已有二千多年的历史了。祭孔的次数也是由少到多。起初每年只有秋季一次，后增为春、秋两次。东晋明帝于太宁三年（公元325年）诏孔子嫡裔四时祀孔，自此又有了春、夏、秋、冬的"四丁祭"（"四丁"又分为"四大丁"和"四中丁"。四大丁指阴历二月、五月、八月、十一月上旬的第一个丁日；四中丁指二月、五月、八月、十一月中旬的丁日）；"八小祭"（每年的上元节、清明节、端午节、六月初一、中秋节、重阳节、腊八、除夕）以及忌日祭、圣诞祭等。以上所列为家祭时日，国祭时日历代不同。

出于对孔子的尊崇，祭孔的基本原则是"必丰、必洁、必诚、必敬。"（《孔氏族规》）所谓洁，包括供品洁（供品要用温水洗涤），礼器洁（礼器要刷拭干净），祭人洁（心洁、祭前斋宿；身洁，祭前沐浴；衣洁，更换干净的衣服）。三日前，衍圣公身着公服恭立于孔庙同文门，宣读生向参加祭祀人员宣读诚词、誓词，然后与祭人员沐浴更衣，去孔庙的斋宿所斋宿。斋宿期间，演习礼乐。孔德懋在回忆77代衍圣公孔德成习礼的情形时说道："大祭前三天，小弟要住到孔庙的斋宿去沐浴和习礼，是用大抬金顶轿从孔庙的正门抬进去，孔庙和孔府一墙之隔，有一小门可通，习礼期间随时可从小门回来，这个规矩叫明进暗出，我们也时常从小门到庙里去看小弟。"[1]"盥手"、"洗爵"在祭孔仪式中是不可或缺的，请看《大成殿拜典礼》记载的祭孔的主要仪程：

鸣赞（唱礼的司仪）：乐舞生就位，执事者各司其事，陪祭官就位，分献官就位。

引赞（在主祭身旁，引导主祭进行各种活动的人）：

----

[1]《孔府内宅轶事》第35—36页。

就位。

鸣赞：瘗毛血。

引赞：诣盥洗所盥手，诣酌奠位醡酒尊，一叩三。

鸣赞：迎神。

（起乐）举迎神，乐奏昭平之章。

引赞：诣盥洗所盥手，升堂，至先师神位前跪，叩头，平身。上香，复位。

鸣赞：三跪礼叩。

莫帛行初献乐。

（起乐）举初献，乐奏宣平之章。

引赞：诣盥洗所，盥手洗爵，诣酒樽所，司尊者举幂酌酒，诣至圣先师神位前跪，叩头。平身，献爵，复位。

鸣赞：行终献礼。

（起乐）举终献，乐奏叙平之章。

引赞：诣盥洗所，盥手洗爵。诣酒樽所，司尊者举幂酌酒，诣至圣先师神位前跪，叩头。平身，献爵。

鸣赞：赐福胙。

引赞：升堂诣复位，赐酒受福胙。一跪三，复位。

鸣赞：三跪九叩瘗馔。

　　　　（起乐）举瘗馔，乐奏懿平之章。

鸣赞：送神。

　　　　（起乐）举送神，乐奏德平之章。

鸣赞：三跪九叩，恭捧祝帛诣燎位。

引赞：诣亡王位，焚正位，祝一析，帛一段，复位。

鸣赞：礼毕。

上述仪式中的多次"盥手"和"盥手洗爵"，体现的就是祭孔必洁。

四 健身疗体的良方

（一）巧借温泉浴佳人

中国是一个地热温泉丰富的国度，利用温泉洗浴以健身疗疾很早就被人们所认识。提起温泉浴，最著名的当属位于陕西省骊山脚下的华清池了。骊山温泉有一个美丽动人的传说：人类的女祖先完成补天大业之后，为了人们世代能洗上温水澡，用她所乘的骊马拉着山洞里的一架宝贝水车，日夜转动，温暖的泉水便源源流出，形成温泉。秦始皇非常喜欢骊山温泉，在这里广修殿宇，建池沐浴，名曰"骊山汤"。传说，一次秦始皇到骊山洗浴，见一女子（女神）美貌异常，顿生色心，无端调戏，被激怒的女神唾面反击，即刻秦始皇面部发疮，流血流脓，疼痛难忍。耀武扬威的秦始皇彻底服气了，下跪百般告饶，祈求宽恕。神女用温泉给他洗涤，治愈了脸疮。缘此，骊山温泉有了"神女汤"的美名。华清池的鼎盛时期在唐代。唐贞观十八年（公元 644 年）神女汤池改建为"温泉宫"，风流天子唐明皇（玄宗）于天宝六年（公元 747 年）再行扩建，易名"华清宫"，又名"华清池"。唐玄宗李隆基每年旧历十月偕贵妃杨玉环到此过冬，沐浴嬉乐。李隆基还曾写过一首有关九龙汤的《温泉》诗呢。"春寒赐浴华清池，温泉水滑洗凝脂。侍儿扶起娇无力，始是新承恩泽时。"这是白居易《长恨歌》中的诗句，它嘲讽的就是李隆基和杨贵妃在华清池沐浴作乐。唐华清宫御汤遗址于 1982 年在华清池园内发现，经过近三年的考古发掘，在 4600 多平方米的发掘区内，清理出"莲花汤"、"海棠汤"、"星辰汤"、"太子汤"、"尚食汤"等五处汤池遗址，为研究我国沐浴史提供了翔实的实物史料。（图 9）骊山（华清池）温泉，含有多种化学成份，水量充足，水温适宜，经开发建设，现已成为国内外著名的沐浴疗养的旅游胜地。

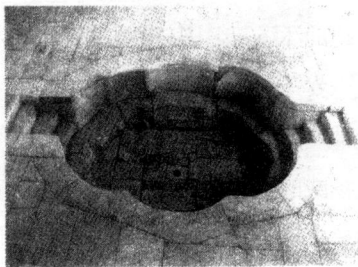

图 9 海棠汤遗址（采自朱悦战主编《华清池》）

古人有诗云："五岳若与黄山并，犹欠灵砂一道泉。"所谓"灵砂一道泉"，指的就是黄山温泉。黄山温泉，古称汤泉、朱砂泉，又名灵泉。据清康熙十八年（公元 1679 年）版《黄山志定本》记载：汤泉"口大如碗，出于洞涧。""石池天成，长丈许，阔半之，深不逾三尺，莹澈见底。旁有敧石，碧色可枕，上蒸气如甑，下布细砂。砂中沸泡喷涌蟹眼、鱼眼，以次上升，旋而成，迸散而四射。"汤泉水温早年较高，有"热可点茗"（清康熙六年版《黄山志》）、"热可烀鸡"（《安徽通志》）和"沸处砂热不可触"（民国版《黄山丛刊》）之说。据科学测定，目前的汤泉平均水温 42℃ 左右，日泉水涌出量为 1152 吨，可浴可饮。1979 年，邓小平游览黄山时，亲临汤泉，挥笔题写了"天下名泉"四个苍劲有力的大字。黄山温泉可沐浴、能疗疾的价值早就被人们所认识。相传轩辕黄帝曾在此沐浴，皱折消除，白发变乌，返老还童，因而被誉为"灵泉"。唐代大诗人贾岛曾到此"一濯三沐发"，并作《纪汤泉》诗一首，诗曰：

> 维泉肇何代？开凿同二仪。
>
> 五行分水火，厥用谁一之？
>
> 在卦得既济，备象坎与离。

下有风轮煽，上有雷车驰。

霞掀祝融井，日烂扶桑石。

气殊礜石厉，脉有灵砂滋。

骊山岂不好？玉环污流脂！

至今华清树，空遗后人悲。

遐哉哲人逝，此水真吾师。

一濯三沐发，六凿还希夷。

伐毛返骨髓，发白令人黟。

十年走尘土，负我汗漫期。

再来池上游，触热三伏时。

古寺僧寂寞，但馀壁上诗。

不见题诗人，令我长叹咨！

黄山温泉的更奇特之处是"每隔三百年一变红"：宋元符三年（公元 1100 年），泉水"变赤如丹"；明成化年间（公元 1465—1487 年），"泉赤三日"（《黄山志定本》）；明万历四十三年（公元 1615 年），"遍溪皆赤，芳香异常，浴者宿疾咸愈。"（清康熙年间版《黄山领要录》）黄山汤泉建浴室不晚于唐代。康熙十三年（公元 1674 年）版《黄山志》载：唐大历年间（公元 766—779 年），歙州刺史薛邕浴此治愈时疫，因建庐舍，供人沐浴。唐大中六年（公元 852 年），歙州刺史李敬芳修建龙堂，并立碑记载沐浴治好有关疾病的情况。今日之黄山温泉，建有高档浴室和游泳池，为黄山旅游增添了新的旅游项目。

庐山的秀美倾倒了无数文人墨客乃至政界要人，李白的《望庐山瀑布》、毛泽东的《仙人洞》等都是千古不朽的诗篇，蒋介石还在庐山修建了别墅；庐山温泉又吸引了成千上万的沐浴者，成为沐浴旅游的胜地。庐山温泉位于庐山山南的黄龙山麓，早在晋代就有"穴如围一丈许，沸泉如汤，冬夏常热"的记载。（《桑书》）明代医药学家李时珍考察庐山温泉后，在《本草纲目》中这样记道："庐山温泉有四孔，可以熟鸡蛋。一患有疥癣、风癞、杨梅疮者，饱食入池，久浴后出汗，以旬日自愈。"宋代大理学家朱熹曾探讨过庐山温泉的成因："谁点丹黄燃，爨此玉池水？"他当时无法解决这个问题。现在已有圆满解释了，李四光在其《庐山地质记》中写道："庐山西南有大断层，长十四、五里。泉水从断层经过，吸收地热即成温泉。"庐山温泉属"淡温泉"，经化验，含有钾、钠、镁等 30 多种元素，对皮肤病、关节炎、妇女病、气管炎等慢性病均有较好的疗效。1932 年地方政府开始凿池建亭，引泉入浴。然而日本侵略者的铁蹄踏入庐山后，温泉浴池遭到破坏。新中国建立后，党和人民政府十分重视庐山温泉的开发利用，1956年中华全国总工会拨专款修建庐山温泉疗养院，1961年周恩来总理莅临疗养院视察，并在此沐浴。经过几十年的开发建设，庐山温泉疗养院已成为全国著名的泉疗保健中心之一，每年接待泉（理）疗者达30万人次。

山城重庆南北各有温泉，名曰"南北温泉"。南温泉距重庆20公里，泉出禹山，传为"靖难"后明惠帝朱允炆（建文帝）隐居为僧之地，建文帝常在此洗温泉浴。清同治年间（公元1862—1874年）正式修建浴池。郭沫若对重庆南温泉情有独钟，诗赞："浴罢温汤生趣美，花溪舟楫唤人回。"北温泉位于重庆之北50公里处的嘉陵江温塘峡，它的发现与开发至少已有1500多年的历史了，因为南朝刘宋景平元年（公元423年）曾在这里建"温泉寺"。宋景德年间（公元1004—1007年），彭应求在赴推官任途中借宿温泉寺，赋有《宿温泉佛寺》诗。北宋理学家周敦颐于嘉祐元年（公元1056年）舟过温塘峡时，到北温泉讲学、游览、沐浴，在此，他亲自作序，书刻了《周敦颐彭推官渝州宿温泉寺诗序》石碑。

已经开发或正在开发，可作沐浴健身之用的温泉还有很多很多。如山东省境内的临沂汤头温泉、牟平龙泉温泉；清朝帝、后莅临沐浴的北京昌平小汤山温泉；传说汉武帝曾在此洗浴治疾并敕封为"宝泉神水"的河北平山温泉；内蒙古自治区科尔沁右翼前旗西北部崇山峻岭中有阿尔山温泉；赤城温泉有"关外第一泉"的美称；长白山温泉"热达沸点"，"交臂乃浴于池，顷刻之间汗出如浆"（《白山天然池记》）；《康定情歌》的发源地四川康定有康定温泉；川北红原县境内有江岔温泉（图10）；浙江泰顺有承天温泉；安徽巢湖有泮汤温泉；河南临汝温泉传说汉文帝母薄太后沐浴于此；祖国宝岛台湾境内于清光绪十九年（公元1893年）发现北投温泉，其后又发现乌来温泉。

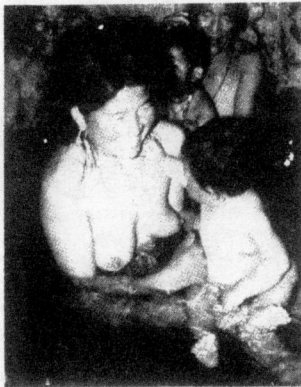

图 10 川北江岔温（药）泉浴

采自《民俗》（画刊）1989 年第 1 期

　　这里不妨再扯得远一些。日本存在着世界上最多的温泉。在日本，从古代开始，就连"禊祓"这样的神事活动也利用温泉，对温泉的信仰成为日本人水信仰的一部分。每个温泉都有诸多的传说，就连神社和佛院也都有专门的温泉神。在关于温泉的发现传说中，有受到神祇指示发现的，也有受到动物启发发现的。日本古籍《古事记》中有不少关于温泉的传说记载。在祭祀中使用温泉，这在世界上是独一无二的。

　　在印尼爪哇岛东北部，有一座奇妙的天然地温澡堂，叫作"火山澡堂"。这个澡堂位于一个火山口附近的巨型凹岩上，是100年前一次山崩形成的。年长日久，凹岩里积满了雨水山泉，形成了一个有840平方米的水池。凹岩下面，又因长年地温超过摄氏52度，使深达六、七米深的凹岩水变成了温水。水池上面，终年雾气蒙蒙，成为一座天然的"火山澡堂"。由于"火山澡堂"水中含有多种化学物质，有治疗皮肤病等功效，因此它吸引着众多的游人到此观奇、沐浴。

（二）冷水沐浴妙无穷

　　冷水浴奥妙无穷，它妙就妙在一个"冷"字上，水冷而洗浴者心不冷，洗冷水浴有益于健康。广义地说，凡是以冷水洗浴都可称为冷水浴，如冷水淋浴、冷水盆浴、冷水池浴、冷水泉浴、冷水擦身以及长期坚持到水库、池塘、江河和大海中游泳等，都可视为冷水浴的范畴。

政治上三落三起、享年 93 岁高龄的邓小平，生前长期坚持洗冷水浴，即便"文革"中在江西某拖拉机厂劳动，仍然每天用冷水淋浴或擦洗身体。他曾这样说过："我身体好的原因是，每天早晨洗冷水澡。"① 至于为什么洗冷水浴对身体有好处，邓小平的见解是："冷水可以刺激皮下中枢，并通过皮下中枢来增强大脑皮质，用以限制可恶的衰老过程的发展。"② 世界著名生物学家巴甫洛夫也有同样的见解，因此他提倡洗冷水浴，并身体力行，即便是晚年患病时，仍不忘用冷水浴来刺激身体。最动人的是，在他以 87 岁高龄行将辞世的弥留之际，要求最后一次用冷水洗浴："我要用冷水刺激皮下中枢，而皮下中枢会强化大脑皮质。"94 岁还发表新作的诺贝尔文学奖获得者萧伯纳，90 岁高龄时还坚持冷水浴，一位和他熟悉的医生曾说过："假如病人都同萧伯纳一样，千家医院就

---

① 转引自孟庆轩编《百名寿星长寿经·邓小平的健康秘诀》，农村读物，1992 年版。

② 转引自李源泉《冬泳，使生命之树常青》，见《神奇的冬泳》一书。

有千家要破产了。"①

我们的邻国尼泊尔、日本和俄罗斯人都有洗冷水浴的习惯，特别是尼泊尔人，对洗冷水浴几乎达到了狂热的程度。尼泊尔人早晨起床后，第一件事就是洗冷水浴。在加德满都的街道旁，公园里，甚至神庙附近，都有许多露天浴池，一年到头，不分寒暑，都可以看到人们来洗冷水浴。男的穿条短裤，女的披块浴布。在加德满都的一个公园里，迄今保留着一座十八世纪中叶修建的大浴池。这个浴池有 22 个喷头，同时可容纳上百人洗浴。遇到假日，来公园游玩的人都喜欢在此洗个冷水澡，洗过澡，便寻一块草地，躺着晒太阳，甚是惬意。

近年来，在神州大地兴起了一股不小的冷水浴热潮，即便是寒冬腊月也热情不减。中山医科大学教授、运动医学和康复医学专家卓大宏对冷水浴特别是寒天冷水浴作过研究，他的《寒天说冷水浴》一文有着很强的科普价值。②

卓大宏教授认为，通过冷水对皮肤感受器的刺激，引起一系列反射性生理效应，包括血管舒缩、代谢、胃肠活动等

---

① 《萧伯纳 90 岁坚持冷水浴》，见《神奇的冬泳》一书。
② 见（羊城晚报）1997 年 1 月 5 日第 11 版。

的改变，经长期冷水洗浴锻炼后，能提高身体对寒冷的适应能力，不易着凉，不患或少患感冒，精神足，胃口好，消化力强，极少便秘。冷水浴又对中枢神经系统有兴奋和强壮作用，可改善神经衰弱患者精神萎靡、疲乏倦怠等症状。

至于有的人担心用冷水（特别是在冬天）这样严峻的刺激物来锻炼身体，是否会损耗元气，得不偿失。卓教授认为这种担心是没有必要的。元气，可理解为生命活力，主要表现为：对外界环境和条件的适应力，对致病因素的抵抗力和对体内病损的修复力。元气不仅要保养，更要锻炼。因为保养元气只是求得身体内外环境在原有水平上保持平衡，维持原有水平的健康状态；而锻炼元气则是通过训练对身体施加应激（负荷），使身体器官加强工作或以新的协调方式进行工作，以适应新的负荷。经过长期锻炼，身体内环境就能与外部应激条件的需求在更高水平上取得新平衡，具有比锻炼前更强的适应力、抵抗力、甚至修复力。这样，不仅不是削弱元气，而恰恰相反，是增强了元气。

进行冷水浴要注意循序渐进。初涉者从夏天水温不太低时开始，逐渐经秋入冬，身体逐步适应水温降低，以后全年坚持。冷水浴的方式要从比较容易接受的开始，先用冷水擦浴，适应后用冷水冲浴，又经过一段时间后，才用冷水淋浴、冷水浸浴。这里需要指出的是，并不是任何人都适合冷水浴，并不是随便用什么方式进行冷水浴都可以强身。如患有冠心病、高血压病、动脉硬化的人就不宜进行冷水浴，因为冷水刺激会使血压升高和心冠状动脉收缩；患有关节炎和支气管哮喘的人也不宜冷水浴，因对寒冷敏感，会促发症状。

用含有一定化学成分的冷泉洗浴，健身疗疾的效果会更好。我国最著名的冷泉浴是五大连池的冷泉浴。五大连池位于黑龙江省松嫩平原的北端，五大连池的药泉山下有泉系，为冷泉（水文地质学把水温低于 25 摄氏度的泉叫冷泉），俗称"药泉"。药泉的发现颇有传奇色彩。相传 100 多年以前，这一带森林茂密，野草遍地，依山傍水，野兽出没其间，是一处狩猎的好地方。一天，有个达斡尔族猎人打猎，忽然看见一只小鹿正在吃草，猎人举起猎枪，枪声响处只见小鹿的腿被击伤，血迹斑斑的小鹿带伤逃命，而猎人却追踪不舍。猎人远远看见小鹿跳进一个水池，泡了一会又跑到另一个泉水池喝水，接着就飞快地逃掉了。细心的猎人学着小鹿的办法，也在泉池泡了泡和饮些泉水，顿觉清爽，精神倍增。在猎人的宣传下，药泉的知名度越来越高。年复一年，人们都聚集在药泉山，有的浸浴在清冽的泉池中，有的用稀泥涂在身上、头上治疗疾病。届时还杀牛宰羊，祭祀天地，逐渐形成了远近闻名的药泉会。目前，药泉山下已修建了幢幢疗养院，沐浴疗疾者络绎不绝。

药泉山下泉眼不少，其中名气较大的有南泉、北泉、南洗泉、翻花泉和洗眼泉。南泉、北泉均在药泉山下的药泉河畔，两泉隔河相望，仅距 500 余米。泉水可洗可饮，或洗或饮，都对医治消化系统的疾病有着较高的疗效。在距北泉以西约 400 米又有一处泉眼，名曰翻花泉，亦称洗疮泉，顾名思义，这里的泉水是能医治皮肤病的，对牛皮癣、头癣等疗效尤为明显。经常有秃顶者用泉边的湿泥敷在头上以治疗脱发，形成了一条有趣的风景线。南泉南百余米为"南洗泉"，亦是水疗的重要场所。洗眼泉，一泉二眼，经常有人用其泉水洗眼以治眼疾。关于五大连池的冷泉疗疾功能，当地总结出来的民间谚语是："南泉睡觉，北泉利尿，洗眼泉明目，翻花泉有效。""高血压泡头，低血压泡脚。"

（三）水中运动说游泳

游泳既然是一种水中体育锻炼，当然也可以视为特殊形式的沐浴了。中国政坛上有不少伟人喜欢游泳。游泳是毛泽东毕生的快事。他在家乡上小学时，常邀请小同窗们去游泳。到了青年时代，爱上了江河，以与风浪搏击为乐趣，1925年，青年毛泽东所作的《沁园春·长沙》一词中提到"携来百侣曾游"，"曾记否，到中流击水，浪遏飞舟？"作者自注云："击水：游泳。那时初学，盛夏水涨，几死者数。一群人终于坚持，直到隆冬，犹在江中。当时有一篇诗，都忘记了，只记得两句：自信人生二百年，会当击水三千里。"及年逾花甲之后，毛泽东仍然喜欢大风大浪、大江、大河、大海。他在家乡的池塘、水库里游过泳；到湘江中流游过泳；在北戴河大海里游过泳；多次在长江里游泳，视滚滚长江为"天然的最好的游泳池"。据说他生前还曾打算畅游珠江、黑龙江和希望横渡美洲的密西西比河。1956年至1966年十年间，毛泽东在武汉畅游长江18次，仅1965年6月初的三、四天的时间内，就连日横游长江3次。"6月1日，晴空万里。中午时分，毛泽东从武昌岸边长江大桥8号桥墩附近下水，时而仰游，时而侧游，至汉口湛家矶江面登船，历时两小时，全程14公里。""6月3日，下午2时许，毛泽东再次畅游长江。为了考察建设中的武汉长江大桥，他提议从汉阳鹦鹉洲附近下水，穿过桥墩，游到武汉八大家江面上船。这一次，他游了 14 公里。"
"6 月 4 日，有人请毛泽东到东湖游泳，他执意不肯，又一次
游长江，从汉阳游到武昌。"① 毛泽东畅游长江之后，以饱满
的激情挥毫创作了《水调歌头·游泳》：

> 才饮长沙水，
>
> 又食武昌鱼。
>
> 万里长江横渡，
>
> 极目楚天舒。
>
> 不管风吹浪打，
>
> 胜似闲庭信步，
>
> 今日得宽馀。
>
> 子在川上曰：
>
> 逝者如斯夫！
>
> 风樯动，
>
> 龟蛇静，
>
> 起宏图。

---

① 臧克家主编：《毛泽东诗词鉴赏》，河北人民出版社，1990 年版。

> 一桥飞架南北，
>
> 天堑变通途。
>
> 更立西江石壁，
>
> 截断巫山云雨，
>
> 高峡出平湖。
>
> 神女应无恙，
>
> 当惊世界殊。

在我国古典诗词的众多作家中，少有善游泳者，也未曾见过以"游泳"为题而抒写游泳心得的诗篇，而毛泽东的《游泳》抒发了横渡长江的豪迈情怀，歌颂了新中国的建设成就，设想了改造长江的宏伟蓝图，表达了社会主义建设的远大理想。毛泽东还曾说过："大风大浪也不可怕。人类社会就是从大风大浪中发展起来的。"① 这样的游泳，这样的沐浴，有中华民族的精神在！邓小平喜欢在大海里游泳。他曾这样说过："我特别喜欢在大海中游泳，证明我的身体还行。""我十年来还没有得过一次感冒，我每年夏天都到海滨游泳。"② 邓小平生

---

① 毛泽东：《在中国共产党全国宣传工作会议上的讲话》。

② 转引自孟庆轩编著《百名寿星长寿经·邓小平的健身秘诀》，农村读物出版社，1992 年版。

前喜欢大海，身后又回归了大海。新华社记者何平、刘思扬在《在大海中永生——邓小平同志骨灰撒放记》中动情地这样写道：

第一次见到海洋，邓小平还是一个 16 岁的少年。那是 1920 年，他远渡重洋，到欧洲大陆勤工俭学，寻求救国救民的真理。在那些日子里，美丽而苦难的祖国，时常越过海洋，沉入他的梦中……

大海，是他革命生涯的起点。1922 年，18 岁的邓小平在法国参加旅欧中国少年共产党，从此，他走上了无产阶级职业革命家的道路。

大海，磨炼了他坚强的意志。从百色起义到浴血太行，从挺进中原到决战淮海，从横渡长江到挥师西南，他出生入死，南征北战，为共和国的创建立下了不朽功勋。

大海，坚定了他革命的信念。早在莫斯科学习时，他就"打定主意"："更坚决地把我的身子交给我们的党，交给本阶级。"……

邓小平一生迷恋大海，与波峰浪谷有着不解之缘。一下海，他就舒展双臂，游向深处。无论海多深，风多急，浪多大，他都劈波斩浪，勇往直前。

大海的无垠，开阔他博大的胸襟；

浪涛的汹涌，塑造了他顽强的性格。①

水是生命之源。有一种理论认为，人类始祖的始祖来自水中的鱼，逐渐进化成人类，因此人类本能地会游泳。由于脱离水中生活太久远，慢慢失掉了水性。不过再下水适应一段时间，还能逐步恢复水中游泳的本能。上古时代曾有过一个洪水滔天的时期。据甲骨文，"昔"字的字形是画一个太阳，在太阳的下面或上面画作水波汹涌的光景，意思是说：从前曾经有过可怕洪水泛滥的日子，大家不要忘记。世界上多数民族，也都有过关于洪水的传说。洪水滔天，不会游泳何以生存？当年大禹治水，疏浚九河，不会游泳如何组织施工？确切的游泳资料能从距今3000多年前的甲骨文、金文中找到许多。"泳"字在甲骨文、金文中是象形字，像人游于水中之状，古文字学家康殷在其《文字源流浅说》中作了专门考证。(图11)

---

① 见《齐鲁晚报》1997年3月3日。

图 11　释泳（采自康殷著《文字源流浅说》）

我们的祖先认识冬泳的好处也很早，如周代的《井人钟》上有"永冬于吉"的铭文，这里"永"即"泳"字，"于"作

"在"讲，"吉"就是"吉利"，翻译成现代话，即"游泳在冬天是件好事"。苏州市冬泳协会于 1990 年汇编的《神奇的冬泳》（文集）一书，收录了不少冬泳者的体会文章，如《冬泳使生命之树常青》（程源泉）、《冬泳能健身疗疾》（吴明裳）、《冬泳好处多》（崔杰成）、《坚持冬泳好，治病防衰老》（李如民）、《冬泳治好了我的病》（王达福）、《冬泳治好了我全家人的病》（刘治林）、《冬泳减轻了我的病痛》（周铁民）、《我尝到了冬泳的甜头》（颜廷尧）、《冬泳能治慢性病》（成名芳）等，单从这些文章的题目即可大概了解到"永冬于吉"的奥妙。丹东市游泳运动协会主席程源泉在其文章中科学地分析了冬泳的三大好处：其一，有利于增强体质。冬泳能改善人体各器官的机能，提高人的体温调节中枢的能力，增加身体对寒冷的适应性。其二，有利于健身祛病。冬泳是寒天淋浴加运动，由于身体受到冷水的刺激，全身血管一缩一张，被称为"血管体操运动"，因而可加速血液循环，使皮肤和血管柔韧润滑，富有弹性，有助于预防血管硬化。至于一般冷水浴所具有的健身疗疾功能，冬泳都有，且效果更佳。其三，有利于锻炼意志。凡参加冬泳者的普遍感觉是：食欲增强吃饭香，生活规律睡得好，肌肉结实易减肥，性情爽朗精神足，御寒抗冻不感冒。

（四）沐浴健身小百科

科学的沐浴有利于健身，但沐浴不当也会走向反面，通过长期的沐浴实践，人们总结出了许多值得借鉴的经验。如民谚曰："冷水洗脸，温水漱口，热水烫脚"；"睡前烫烫脚，胜似催眠药"；"常洗冷水脸，感冒不来缠"；"热汗且忌冷水激"等。这些民谚都有一定的科学道理。

1. 热水足浴是享受

无论走路、爬山，还是推车、打场，各种活动都离不开两只脚。脚闷在鞋袜里，汗湿很重，劳动还会使脚的关节、韧带、小肌群极度疲劳。用热水洗脚，易于把脚趾缝里的汗污脏物洗掉，使人感到分外清爽；患有脚癣、皮肤疣、鸡眼、胼胝的人，热水烫足还有去掉表层癣菌和软化角质层的作用。实践证明，热水洗脚是一种简便易行、效果可靠的自我保健方法。故我国民间有"热水烫脚"、"睡前烫烫脚"的习惯和"春天洗脚，升阳固脱；夏天洗脚，除湿祛暑；秋天洗脚，肺润肠濡；冬天洗脚，丹田温灼"的说法。

祖国医学认为，脚为人体之本，人体的五脏六腑在脚上都有相应的投影。连接人体脏腑的 12 条经脉，其中有 6 条起于足部，脚是足三阴之始，足三阳之终，双脚分布有 60 多个穴位与内外环境相通。如果经常用热水洗脚，能刺激这些穴位，促进血气运行，调节内脏功能，舒通全身经络，从而达到祛病驱邪、益气化瘀、滋补元气的目的。现代医学认为，脚是人体的"第二心脏"，脚有无数的神经末梢与大脑紧密相连，与人体健康息息相关。因此，经常用热水洗脚，能增强机体免疫力和抵抗力，具有强身健体、延年益寿的功效。

从理疗学的观点看，热水洗脚是一种浸浴疗法。洗脚时，水温以摄氏 40 至 50 度为宜，水量以淹没脚的踝部为好，双脚浸泡 5 至 10 分钟。同时用手缓慢连贯、轻松地按摩双脚，先脚背后脚心，直到发热为止。这样，能使局部血管扩张，末梢神经兴奋，血液循环加快，新陈代谢增强。如能长期坚持，不仅有保健作用，还对神经衰弱引起的头晕、失眠、多梦等症状有较好的疗效。若在浴水中加入某些药物，还能防治疾病，如用萝卜片煮水洗脚，可以治脚汗、脚臭；用艾叶煮水洗脚可以治咳嗽、感冒等。近年来，出现了洗足这个服务行业。(图 12)

图 12　当今洗脚城

2. 早晨洗澡好处多①

　　人们一般习惯在晚上洗澡：一天劳累下来，洗个热水澡，洗去身上的污垢，也洗去一天的疲乏。相对说来，早晨洗澡的人并不多见。其实，早晨抓紧时间洗一个澡，好处很多。人们往往有这样的感受：早晨起床后，眼睛一下子还睁不开，脑壳昏昏沉沉，浑身软绵绵的，胃口也不好，要是起床后便吃早餐，那简直一点口味也没有。为了克服起床后的这种状况，许多人采取晨间锻炼的方法，做做操或跑跑步，呼吸新鲜空气。但晨间锻炼受场地的限制，受天气的制约，也受本人身体状况的局限，不如晨浴来得方便。起床后洗个热水澡，

_____

① 据广凤《早晨洗澡好处多》一文，《山东青年》1997 年第 6 期。

可以顿时清醒、振奋，使人感到精力充沛，不适之感消失得无影无踪，甚至一天里都能气爽心朗，办起事来，效率很高，比跑步、做操的效果还要好。

其方法是用一桶摄氏45度的热水冲洗身体半分钟至一分钟，然后用干毛巾擦干身上的水珠即可。晨浴的诀窍是一要水温稍高，二要时间较短。如果水温低，就会使人感到精神松懈；如果时间太长，就会消耗过多的精力。这两个问题，是洗晨浴的人必须注意的。你如果感兴趣的话，不妨试一试。

3. 小苏打洗浴防衰老

苏联细胞学专家勒柏辛斯卡娅根据人的生命本质是新陈代谢的理论，创造了用小苏打水洗浴的科学方法。

小苏打又名碳酸氢钠，溶于水中后能释放出大量的二氧化碳。水中的二氧化碳小气泡能浸透和穿过毛孔及皮肤的角质层，作用于血管细胞和神经，使毛细血管扩张，促进皮肤肌肉的血液循环，从而使细胞新陈代谢旺盛不衰。

洗澡的方法是将小苏打与水按1∶5000配制，即5千克水溶入两片小苏打，水温以摄氏40度为佳，小苏打被溶解后便可洗浴。在炎热季节，皮肤酸性排泄物较多，用小苏打水洗浴，不仅能保护皮肤，还容易消除疲劳，使人周身轻松爽快，起到提神的奇妙作用。

4. 热天莫用冷水冲头

炎热的夏天，一些人为解除工作或学习中的头晕脑胀、困倦、疲劳、闷热，经常用冷水冲头。殊不知，这样做是极为有害的。

热天气温高，人体皮肤毛细血管和毛孔扩张，血液循环和新陈代谢旺盛，从而就使供应大脑的血液和氧气相对减少了。人脑的需血量不足，如果工作或学习的时间长了，就引起脑细胞需氧量不足，从而就会出现困倦、疲劳、头晕脑胀，甚至头部疼痛等症状。人处于这种状态除与血液输送不足、氧气和其它营养物质大量消耗有关外，还与大脑兴奋过程减弱而抑制过程加强，大脑需要休息有关。

如果这个时候用冷水冲头刺激大脑，虽然头脑可暂时勉强地维持兴奋，但对大脑的营养供给却是非常有害的。头部的血管受到冷水刺激后，由于血管剧烈收缩，血流减慢，导致向脑子里输送的氧气和养料更加减少，不仅不能提高脑子的工作效率，反而还会引起局部暂时性的脑贫血。长此以往可致神经细胞的功能衰弱和血管性头痛等病症。

5. 老人洗澡"三不要"

老年人的各种器官都呈现衰老，功能减退，易于生病，因此在洗澡时更应该注意科学。

一是不要长时间把全身浸在热水里。由于这时体表的血管扩张，头部的血流量减少，容易发生脑贫血，出现头晕，眼花的症状，严重的甚至昏倒，患有高血压病的老人更应该注意。洗澡时水温不宜过高，以免体表血管过分扩张而血压一下子降得太多。

二是不要刚吃完饭就洗澡。因为肠胃在消化的过程中需要心脏输送大量的血液，刚吃完饭就洗澡，使消化道血液减少，食物不易消化，同时会加重心脏的负担。患有冠心病的老人，可能会出现心绞痛或心肌梗死。

三是不要过多使用肥皂。因为在人体皮肤的表面覆盖着皮脂，如果肥皂用多了，把皮脂全部洗掉，会使皮肤干燥，冬天尤为明显。

6. 浴后切勿行房事①

性学专家认为：性的兴奋是复杂的反射活动，除神经系统的支配作用之外，还需要循环系统、运动系统、内分泌系

————————

① 据许永杰《浴后莫行房事》一文，见《知识与生活》1988 年第 2 期。

统与生殖系统的密切配合。在洗热水澡后，全身皮肤浅表血管处于扩张状态，血液大部分集中在躯体表面，神经系统处于相对"抑制"状态。此时进行房事，由于性器官需要较多的血液供应，会导致全身血液循环的暂时性失调，使其他器官的供血量减少，以致出现头晕、乏力、心悸、恶心等症状，临床上还有发生脑贫血的实例。再者，洗热水澡后，大脑高级中枢和交感、副交感神经的兴奋与抑制处于相对平衡状态，机体的能量代谢亦处于正常水平，而性生活过程会使神经系统极度兴奋，并使植物性神经出现暂时性失调，从而抑制肝脏中糖的分解和产生作用，因此，有的人还会发生低血糖。对于罹患高血压病、冠心病、贫血等器质性病变的患者来说，浴后更要忌行房事。

7. 头部"干浴"保健法

（中国剪报）1997 年 1 月 4 日转载了闻荣的《头部保健八法》的科普短文，这里的头部保健八法，实际上就是"干浴"法。

一是搓脸。将两手搓热后放到脸部，由下而上反复搓 30 下。古时称此为"驻颜术"，它能使皮肤去皱、光泽。

二是梳头和拍头。梳头可不用梳子，而且 10 个指头从前额往后脑反复梳理 30 下，然后两手从前至后轻轻拍打头部 15下，它能预防脱发、头痛、头昏，改善睡眠，增强记忆力。

三是搓擦耳朵。左手搓左耳，右手搓右耳，从上到下反复搓揉 30 下；然后两手的食指和中指在耳朵两侧反复搓 30 下；最后两手的老宫穴对着两耳一压一放 3 次。因肾开窍于耳，这样锻炼可以起到健肾和防耳鸣的作用。

四是搓揉眼睛。两手食指分别搓揉眼下睑 30 下；然后闭上眼睛，两手中指或食指轻轻搓揉眼球 30 下；最后，将两手搓热后捂在两眼上面约半分钟，可改善视力。

五是搓鼻子。两手食指或中指在鼻子外侧反复搓揉 30 下；然后在人中穴来回搓揉 30 下，可预防感冒和鼻炎。

六是叩牙齿。古代养生就有"牙常叩"之说。叩牙齿 50 下，可以促进牙根血液循环，防止牙龈生理性萎缩，是固齿的好方法。

七是搓擦后颈和大椎穴。用左手或右手在后颈反复搓擦 30 下；然后搓擦大椎穴 30 下，可预防感冒。

八是摆头点头。整个头部从左到右、再从右到左来回摆动 9 下；然后再上下点头 9 下，是预防颈椎病的有效方法。

五 宗教的沐浴习俗

（一）道教与沐浴

1. 水浴：外浴术

道教是中国土生生长的宗教，因而也被称之为"国教"。道教认为，水是清净之物，它有消除身、心污垢的作用：

> 夫水者，禀五方之正气，合九凤之光华，故能激浊以扬清，亦可除尘而解秽。一洒天无氛秽，二洒地无尘妖，三洒人间长寿，四洒精鬼亡形。（《荡秽科仪》）

> 清净之水，日月华盖，中藏北斗，内隐三台，神水洒处，厌秽速开，净水洒过祸去福来。（《荡秽除三炁科仪》）

> 人性至善，非善则不能明道也。水性亦然，故善则能利于物。（《灵宝玉鉴·敕水禁坛门》）

既然道教认为水有这种作用，所以教中之人喜欢用水沐浴。

道教有斋戒的仪式，所谓"学道不斋戒，徒劳山林矣。"（《云笈七签》卷37《说杂斋法》）在斋戒中，沐浴更衣是不可缺少的。道教的"沐浴科仪"，包括高功说文和众道念咒等。中国道教协会编、1994年华夏出版社出版的《道教大辞典》中有"沐浴科仪"条，文字较长，摘录如下：

> 高功说文："优以，苦海奈河，总是情波欲浪。青书灵劄，昭然巨筏慈航。接引秽浊之魂，俱入光明之界。必先洗荡秽尘，然后引灵朝真。"起"跑马韵"："逝水东流夫子悲，南闲说罢问颜回。黄河也有回流水，人生死去再难归。自古有生皆有死，本来无我亦无名。香供养，无皇荡秽天尊。"高功说文："向伸牒文宣白云周，就于坛前，用凭火化。"众念《沐浴咒》："元皇上帝驾祥云，兰塘花池放光明，拔罪天尊垂救苦，众魂沐浴礼慈尊。盖闻，沧浪之水清兮，可以濯我缨；沧浪之水浊兮，可以濯我足。东林之波，内可吐其故，外可荡其瑕。斋沐以祀神，持水告冥司。蓺香召告，黄华荡形宫将、香汤沐浴等神。香筒玉女，官带灵神，沐浴局中，合属威灵，爰今召告，请将沐浴牒文。恭对敷宣。"表白宣牒毕，高功说文："向伸牒文宣白云周，就于坛前，用凭火化。"

众念《沐浴咒》："太乙神水，天一之精。开明三景，梵炁流并。云泉甘露，金真降临。变化浴室，天地同清。内外同荫，香雾盈盈。今宵沐浴，道炁光明。"毕。高功说文："阴灵阳曜，摄魂魄以来游；天清地宁，运神机而莫测。惟兹功德水，发自智慧源。内可以咽漱三田、流华五炁，外可以澄清百体、荡涤千愆。洗涤爱网而超解脱之门，灌除冤轮而发逍遥之境。神闲意定，性彻心融，准上帝敕，召灵宝局，浣濯官吏，沐浴仙灵，急赴坛前，引领亡魂，一如玄科神咒，谨当宣行。"众念《玄科咒》："天朗气清，五色高明，日月叶辉，濯炼身形，神津而盟，香汤炼精，元精洞耀，焕映上清，气不受尘，升入帝庭。"表白举："黄华荡形天尊。"高功说文："优以，尘识流吹，炼千生之结习；甘泉灌沐，还一性之精明。九真沐浴炼形神咒，谨当持诵。"众念《沐浴炼形咒》："太乙高真，九灵之精，使魄飞仙，上登紫庭，沐浴华池，神自澄清，上通太虚，万炁自生。"举"黄华荡形天尊"。……

《沐浴心身经》还规定了沐浴的吉日，道众必须以兰汤沐浴，沐浴时要念"五浊以清，八景以明，今日受炼，罪灭福生，长于五帝，齐参上灵"等祝词。

西王母是道教女神，她居住在昆仑山上的醴泉边、瑶池畔，传说她选择在这里居住就是为了沐浴的方便。西王母还曾宴请周穆王于瑶池，唐人李商隐有诗曰：

> 瑶池阿母绮窗开，
>
> 黄竹歌声动地哀；
>
> 八骏日行三万里，
>
> 穆王何事不重来？

西王母和周穆王在瑶池宴饮，或许高兴之极也跳进瑶池内沐浴一番呢。泰山有个王母池道观，院内有王母泉、王母池，明人肖协中的《王母池》诗道："仙风吹动水涟漪，信是当年阿母池。青鸟书回波镜缘，碧桃花系洞春池。琼玲暖液遥穿溜，浅淡晴莎细绕堤。乞得丹砂消世劫，一飘长日灌琼芝。"道观东有条河，俗信王母娘娘常在河中梳洗，故名"梳洗河"，河中曾建有王母娘娘"梳洗楼"，旧址犹存。看来王母娘娘有着良好的沐浴习惯。在道教经文中，有《洞天西王母宝神起居经》，主要内容可以用两个字概括，那就是"沐浴"。在《起居经》里，沐浴的进行除了需要水之外还配有特殊的药物。该《经》引《太上九变十化易新经》称，若要解形去

秽，当行澡浴之法。其法用竹叶十两，去皮桃肉四两，取水
一斛二斗，置釜中煮之，未及沸腾，寒温适中，即取浴身，
这不但可除污秽之气，又可除湿痹疮痒之疾。另外一种方法
是药与水分用。即在临睡的时候，先以朱砂、雄黄、雌黄三
分，捣细，以绵裹之如枣大，塞入两耳之中。到了第二天中
午，以东流之水沐浴，而后整饬床席，更换衣服，待室净洁，
安枕而卧，向上闭炁，握固良久，而微祝（轻声念咒）。

　　"素姿净浴天池水，扶桑日闪玉容丹。"这是明代人在
《玉女歌》中对碧霞元君沐浴的描写。泰山玉女碧霞元君是道
教女神，她如同王母娘娘，特别喜欢沐浴。且不说每逢元君
圣诞之日，道教徒为她沐面，也不说民间香客们"奉元君以
汤沐"（清咸丰六年《重修〔泰山〕万仙楼碑记》），仅所谓
"玉女池"、"玉女洗头盆"就能充分说明问题了。泰山玉女
池，在太平顶（今泰山碧霞祠东），"深泓不涸，传为碧霞手
潴，或亦浣濯也。"（肖协中：《泰山小史》）池侧原有玉女石
像，后"沦于池"（或许在池中沐浴）。"至宋真宗东封泰山，
还次御帐，涤手池中，一石浮出水面，出而涤之，玉女也。
命有司建祠安奉，号为圣帝之女，封天仙玉女碧霞元君。"
（《帝京景物略》）明人冯三才的《玉女池》诗这样写道："玉女

何年去，名犹在水滨。云疑画眉客，月似洗妆人。风边听鸾珮，天边忆凤轮。不逢仙子降，空拂镜中尘。"泰山后石坞是泰山的奥区，传为碧霞元君修真处，后石坞之东的九龙岗上有"鑑池"，传说是碧霞元君经常洗头的地方，俗称"玉女洗头盆"。

2. 干浴：按摩术

与水液、体液的沐浴法相对应的一种有趣的沐浴方法，道教叫"干浴"。《上清三真旨玉诀》说："两手相摩令热，以摩面，入发中三周而止，能尽摩身躯，又佳名干浴也。"《引导按摩》讲得更为简要："摩手令热，摩身体，从上至下，名曰干浴。"干浴又称"干沐浴"，《红炉点雪》说："此法不止散气消肿，无病行之，上下闭息，左右四肢五七次，经络通畅，气血流行，肌肤光润，名曰干沐浴，尤延生之道也。"所谓干浴或干沐浴，其实就是古已有之的按摩术，将按摩法称作"干浴"是道教中的一种"发明"。古代不仅神仙家，医家、养生家等对按摩都十分推崇。

按摩之术早在先秦即已流行。《汉书·艺文志》神仙类录有《黄帝岐伯按摩》10 卷，其后的医书《千金要方》载有"老子按摩法"，大略如下：

①两手捺肚（胃的下部），左右身手二七遍；②两手捻肚，左右纽肩二七遍；③两手抱头，左右纽腰二七遍；④左右挑头二七遍；⑤一手抱头，一手托膝三折，左右同；⑥两手托头，三举之；⑦一手托头，一手托膝，从下向上三遍，左右同；⑧两手攀头下向，三顿足；⑨两手相捉头上过，左右三遍；⑩两手相叉，托心前，推却挽三遍；⑪两手相叉，著心三遍；⑫曲腕筑肋挽肘三遍；⑬左右挽，前后拔，各三遍；⑭舒手挽项，左右三遍；⑮反手著膝，手挽肘，覆手著膝上，左右亦三遍；⑯手摸肩从上至下使遍，左右同；⑰两手空拳筑三遍；⑱外振手三遍，内振三遍，覆手亦振三遍；⑲两手相叉，反复搅各七遍；⑳摩纽指三遍；㉑两手反摇三遍；㉒两手反叉，上下纽肘无数，单用十呼；㉓两手上耸三遍；㉔两手下顿三遍；㉕两手相叉头上过，左右申肋十遍；㉖两手拳反背上，掘（揩）脊上下亦三遍；㉗两手反捉，上下直脊三遍；㉘覆掌搦腕内外振三遍；㉙覆掌前耸三遍；㉚覆掌两手相叉交横三遍；㉛覆手横直，即耸三遍；㉜若有手患冷，从上打至下，得热便休；㉝舒左脚，右手承之，左手捺脚耸上至下，直脚三遍，左右

捺脚亦尔；㉞ 前后捩足三遍；㉟ 左捩足，右捩足，各三遍；㊱ 前后却捩足三遍；㊲ 直脚三遍，细腔三遍；㊳ 内外振脚三遍；㊴ 若有脚患冷者，打热便休；㊵ 纽腔以意多少，顿脚三遍；㊶ 却直脚三遍；㊷ 虎踞，左右纽肩三遍；㊸ 推天托地，左右三遍；㊹ 左右排山，负山拔木各三遍；㊺ 舒手直前，顿申手三遍；㊻ 舒两手两膝亦各三遍；㊼ 舒脚直反顿申手三遍；㊽ 捩内脊外脊各三遍。

"老子按摩法"中虽然夹杂了一些导引的动作，但是按摩的功效则是有益的。唐代医署内设有按摩博士和按摩师。道、释、儒三者皆通并且高寿的宋代大文豪苏东坡，对按摩术颇有造诣，在给张方平的信中介绍了他的按摩之法：

　　……然后以左右手热摩两脚心，及脐下腰脊间，皆令热彻。次以两手摩熨眼面耳项，皆令极热。仍案提鼻梁左右五七下，梳头百余梳而卧，熟寝至明。

有关苏东坡按摩的逸闻趣事不少：一次苏东坡在他的佛门好友佛印那里谈天说地，酌酒吟诗，不觉已过半夜，便索性下榻寺里歇宿。苏东坡脱衣上床后，闭目盘膝而坐，先用右手按摩左脚心，接着又用左手按摩右脚心。佛印见他那种模样，便打趣道："学十打禅坐，默念阿弥陀，想随观音去，家中有老婆，奈何!"东坡按摩毕脚心，张开双目，也笑道:"东坡擦脚心，并非随观音，只为明双目，世事看分明。"

道教的按摩术，依据中国社会科学院世界宗教研究所道教室编、1990 年齐鲁书社出版的《道教文化面面观》一书分类，大致可分为如下几种方法:

摩额法。摩额法，又称干洗头法，即反复摩擦头额。《上清三真旨要玉诀》引《丹景经》云:摩面拭目之时可顺手摩之，如理栉（头梳）之状，两臂更以两手互摩之，这可使头发不白，脉不浮大。理发之后亦可以手代梳，摩额及发，如此可使血脉不滞，发根常坚。早期道教有一部书叫《太极绿华经》。这里"绿华"意即本于"肾之华在发"。摩头梳发，能改善头部和毛囊下末梢的血液循环，使头发得到滋养，防治脱发，推迟衰老，并能缓解头痛，解除用脑后的疲劳。《延寿书》讲:"发多梳，则明目去风。"苏东坡把梳头视为安眠的良方。明人李渔还有"善栉不如善篦"的见解，他说:"善栉不如善篦，篦者，栉之兄也。发内无尘，始得丝丝现相，不则一片如毡，求其界限而不得，是帽也，非髻也，是退光黑漆之器，非乌云蟠绕之头也。故善蓄姬妾者，当以百钱买梳，千钱购篦。篦精则发精，稍俭其值，则发损头痛，篦不数下而止矣。篦之极净，使便用梳，而梳之为物，则越旧越精。'人惟求旧，物惟求新。'古语虽然，非为论梳而设。求其旧而不得，则富者用牙，贫者用角。新木之梳，即搜根剔齿者，非油浸十日，不可用也。"（《闲情偶寄》）

拭目法。《洞真西王母宝神起居经》引《太上三天关玉经》说："常欲手按目，近鼻之两侧，皆闭炁为之，炁通辄止，吐而后始。常行之，眼能洞观。"眼为肝之窍，又为五脏精华所现，眼病与五脏均有关系，浴眼可使眼部血脉畅通，肌肉保持弹性，增强视神经、动眼神经以及眼肌等的功能，防止视力疲劳，预防近视和远视眼的发生，亦可推迟眼睑的下垂。

摩鼻法。摩鼻法是指摩擦鼻翼两侧，可促进鼻黏膜的血液循环，有利于鼻腔黏液的正常分泌，促进黏膜上皮细胞增生能力，刺激嗅觉细胞，使嗅觉灵敏，可起到防治鼻病、预防感冒的作用。同时鼻翼两侧有面动静脉及眶下动脉的分枝，又有面神经和眼眶下神经的吻合丛，所以摩擦鼻侧，还有助于增强眼神经的功能，防治面神经麻痹等疾病。

摩耳法。用食指、中指叉耳向上耸动，或以虎口叉耳向后旋耳轮的按摩法。陶弘景的《登真隐诀》认为："耳欲得数按，抑其左右，令人聪彻。"人的耳部神经、血管、淋巴分布的极为丰富，耳壳和全身有一定的联系。中医理论认为各条经络都直接或间接经过耳部，耳枕骨部又为十二经络的诸阳经聚会的地方，所以人体各部位或内脏的生理、病理情况都直接和耳有密切联系。按摩耳部可以刺激神经，调整和恢复身体各部位的生理机能，起到一定的保健防病作用。

其它方法。按摩面部，能增强皮肤弹性，令人面部光泽，防皱、防斑。古人的经验是，"常行之（摩面），使人体香"。（《洞真西王母宝神起居经》引《石景子经》）按摩颈项，能防治颈椎病，刺激颈动脉窦，调整血压，改善大脑供血机能。摩擦双臂，能疏通三阳经、三阴经的血气流行，防治肌萎缩、手指关节僵直症、肩周炎等疾病。按摩前胸，推揉腹部，可以牵拉腹内脏器，使肠胃蠕动加大，减轻腹腔和某些内脏的瘀血，促进腹腔静脉回流，刺激胃肠和胃系膜上的神经感受器，在中枢神经系统的调节下，引起迷走神经兴奋，加快平滑肌的蠕动，促进胃液、胆汁、胰腺和小肠液的分泌，增加消化吸收作用。按摩脚底，如前述苏东坡按摩脚底之法，正是阴肾经涌泉穴所在，按摩这个穴位，有清降虚火、滋水明目以及安眠健足等功效。

古代的按摩，还有一定的推拿治病含义。《灵枢·九针篇》说："形数惊恐，筋脉不通，病生于不仁，治之于按摩醪药。"这种作为治疗方法的按摩，除了自摩自捏之外，还包含着一种医生对于病人所施的他按他摩在内。今日医院内的体疗室（按摩室），多为他按他摩。据说慈禧太后的按摩法最为特殊，是让人用玉柱在她身上滚动。

3. 咽津：内浴术

叩齿、鼓漱、咽津液是我国道教徒的每日必修之功。所谓"津液"是指人体内的正常水液，如唾液、胃液等，其中清而稀薄的叫"津"，浊而稠厚的叫"液"，二者之间可以相互转化。现代医学证明，唾液中除 99％的水分外，还含有球蛋白、粘蛋白、氨基酸、淀粉酶、溶菌酶和各种分泌型免疫球蛋白等。所谓吞咽津液，就是用自己的体液来洗涤内脏器官组织中滞积的污物废气。其健身作用有：清洁口腔，固护牙齿；帮助消化，调理脾胃；增加免疫，预防疾病。

叩齿、搅舌、鼓漱是咽津液的前奏，其作用不仅能固齿、洁腔，而且助生津液。明人高濂的《遵生八笺·却病延年笺》载："齿之有疾，乃脾胃之火熏蒸。每清晨睡醒时，叩齿三十六通，以舌搅牙龈之上，不论数遍，津液满口。"

口腔内生满津液之后，便将其吞咽，道教有吞津咽液之道，《玉昌无极总真大昌大洞仙经》这样记述：

> 咽液之道，常以赤龙（舌头）搅华池（口腔），令满口，分作三咽，乃存一婴儿于绛宫，迎接下一度，谓之一通，至三十六通谓之小成，三百六十谓之中成，一千二百谓之大成。如此日久，则精神光彩，故曰具神通。

叩齿咽津功法也为非教中之人所喜爱。三国时期，有个百岁的长寿老人叫皇甫隆，曹操曾请教长寿秘诀于他，皇甫先生授以"吞津练精"之法："人当朝朝食玉泉，琢齿使人丁壮有颜色，去浊而坚齿。玉泉者，口中唾也。朝旦未起，早漱津令满口乃吞之，琢齿二七遍，如此者，乃名曰练精。"[1]苏东坡常练的一套叩齿咽津功法是：

> 每夜以子后（凌晨一点钟后）披衣起，面东南，盘足叩齿三十六遍。握固闭息，内观五脏，肺白、肝青、脾黄、心赤、肾黑。次想心为赤火，光明洞激，下入丹田中。待腹满气极，即徐出气，惟出入均调，即以舌接唇齿，内外漱炼精液，未得咽。复前法闭息内观，纳心田，调息嗽津，皆依前法。如此者三。津液满口，即低

---

① 转引自孟庆轩编著《百名寿星长寿经·皇甫隆的长寿秘诀》，农村读物出版社，1992年版。

头咽下，以气送入丹田。须用意精猛，令津与气谷谷然有声，径入丹田。又依前法为之，凡九闭息、三咽津而止。①

此外，明郑瑄《昨非庵日纂》还说："辟谷咽津为上，咽气为次。咽津者，肾中之水上通舌底二窍，大有真味，如小儿咯乳，滚滚不止，虽酬应交际，而终日忘饥，若咽气则闭口住息，身心俱寂，然后可。此不可岁月效也。"这里，郑瑄认为咽津的作用远在咽气之上，并且行之方便。

叩齿鼓漱的结果是咽下津液，这种津液，古人又称之为玉池清水或玉泉。《千金方》认为，叩齿服玉泉的作用在于去三尸、坚齿发，除百病。从现代医学角度分析，叩齿能够促进牙周膜、牙龈、牙髓腔的血液循环，改善牙齿的营养供给；而唾液则含有溶菌和淀粉等多种酶，可以在增进消化的同时，杀灭一定量的细菌。

道教还有一种内浴法是服水，它与咽津法的区别在于，咽津是借用人体内部之水，而服水用的是外来之水。唐代著名法师司马祯认为："水者，元气之津，潜阳之润也。有形之

---

① 转引自洪丕谟《中国古代养生术》第117页，上海人民出版社，1990年版。

类，莫不资焉。故水为气母，水洁则气清；气为形泰。虽身为荣卫，自有内液，而腹之脏腑，亦假外滋，即可以通腹胃，益津气。"①《服水绝谷法》称："饮之（水）多少任意，饥即取水服之，亦无论早晚，日服三次，初服水数十日，瘦极，头眩足弱，过此渐佳。若兼服药物，则不至虚惙也。"服水在道教中通常是指饮用香水、咒水、符水、井华水等，无论饮用什么水，用现代科学分析，若腹有食物，适当饮水有助津内浴作用，但不进食物一意饮水就适得其反了。

道教还有服气的习惯，不过服气亦如服水，肚子里有饭则可，长期空腹则不可。说其可，是因为吸进新鲜空气、吐出无用浊气，对内脏有浴洗功效，当代所流行的"空气浴"就是这个道理。古人似乎也懂得这个道理，如孙思邈在《千金要方》中指出，服气的时间要选择在后半夜到日出前的这一气生阶段，而不能选择在日中后到夜半前这一死气阶段。在具体的操作上，从养身角度看，以"鼻纳口吐、纳一吐六"之法为佳。《服气经》介绍道："凡行气以鼻纳气，以口吐气，微而引之，名曰长息。纳气有一，吐气有六。纳气一者谓吸

---

① 转引自中国社科院世界宗教研究所道教室编《道教文化面面观·服水疗法可行吗?》，齐鲁书社，1990 年版。

也。吐气六者谓吹、呼、唏、呵、嘘、呬，皆出气也。"又说："凡人之息，一呼一吸，元有此数，欲为吐气之法，时寒可吹，温可呼。委曲治病，吹以去热，呼以去风，唏以去烦，呵以下气，嘘以散滞，呬以解极。"这里明确指出了吐气的重要性。

4. 沐浴祀神的民间香客

中国的道教神祇众多、庞杂，职能多样且分工较细，正是因为如此，迎合了广大民众的信仰心理，由此也就逐渐形成了一支叩拜道教神祇的庞大的民间香客队伍。敬神必诚，敬神必洁，这是中国的传统文化。早在先秦时期，斋戒沐浴以祀神已成定制，如《礼·曲礼》载："齐（斋）戒以告鬼神。"《孟子·娄离下》谓："虽有恶人，斋戒沐浴，则可以祀上帝。"这个斋戒沐浴以祀神的传统为道教徒所承袭，也被民间香客们所效仿，我们从吴地顾山香客们的拜香活动中可见一斑。①

顾山，今属江苏省江阴市顾山镇，它东临常熟，南靠无锡，俗称"三界山"。山有大小两岗，前后相连，如一只徐行

---

① 以下所引顾山资料见蔡利民、陈俊才《拜香游顾山》，《民俗研究》，1997 年第 3 期。

的乌龟在回首东望，因而称为"顾山"。又因古时遍山兰草芳香，当地民间又称其为"香山"。顾山不高，海拔仅有109.9米，但因与民间的拜香活动相连而闻名遐迩。山顶旧有香山寺，始建于南朝齐梁时期，规模恢宏，香烟鼎盛。香山寺内道教神、佛教神和民间俗神都有，但总体上看来，以道教神为主。香山寺前后三进，第一进为灵官殿，正中塑供灵官，俗称"三眼王灵官"，亦称"玉枢火府天将"。塑像立俯，红须赤脸，三目圆睁，披甲执鞭，为道教的护法之神。第二进为正殿，塑供白脸黑须、五官端正的祖师像。相传他是玉皇大帝的化身。第三进为后殿，塑供佛教神。头殿及正殿两侧的厢房内，塑三官、关帝、雷公、土地等神像。

顾山拜香在清明节前十余天进行，至清明节结束。所谓拜香，又称"报娘恩"，相传起源于宋末元初，距今已有七百多年的历史。拜香以香会为单位进行活动。大村设有一香会；小的自然村则数村合设。一个香会约有四五户香客。会主每年由香客轮当；费用由参加者分摊。拜香活动一般在香堂进行，每个香会都要设一个香堂。香堂设在村中房屋宽敞之家或会主家中的堂屋正中，用两三张方桌拼成长桌，供奉纸马兼作香案。木刻单色马的神像有祖师、三官、灵官、雷公雷母、风伯雨师、星宿、土地等。香案前设两张"拜香桌",桌前放拜垫。一般吃过中午饭进香堂拜香直到半夜。

拜香者进香堂前要香汤沐浴。当地农村温饱之家都备有可在大锅内洗澡的专用锅灶,称之为"浴锅"。在浴锅水中放上柏木或香樟木块,使洗澡水清香,名曰"香汤"。沐浴后换上整洁的衣服。整个香期内全家吃素。已婚青年要独宿净身。拜香者要准备"香诰",又称"拜香本",是拜香时的唱本。每天拜香开始先"通疏",疏头是清末民初辖区和庙神所辖的属界以及祈求神灵保佑的序文,下列本香堂全体信徒的姓名和出生年月。通疏时用木鱼、铃、磬等乐器伴奏,清脆悦耳。接着拜香,在拜香桌前各跪一组(一般为4人)拜香者。上首是有经验的老香客,下首是年幼的初进香堂者。形式上有下首跟着上首重复拜诵,也有上下首循环拜诵的,主要看拜香者的文化程度和对香诰的熟练程度而定。一般一个晚上拜诵一本香诰,拜诵完一本再换一本,整个香期内不能重复。拜诵时起句统一是"志心朝礼",结句视香诰本而定,如《三茅诰》是"三茅应化真君",《灵官诰》是"太乙雷声普化天尊"。拜诵结句同时欠身磕头。中间换人、休息,直到半夜再疏通后拜香结束。凡参加者都在香堂吃香饭(夜餐),香饭是素斋，香甜可口的红烧油氽豆腐是主菜，然后各自回家，称"散香堂"。整个拜香的时间十天左右，直到清明节朝山进香后结束。

今日的泰安大汶口以发现、发掘大汶口遗址而驰名中外，古代大汶口也是经济、文化重镇，至迟在清初，大汶口镇已建立山西会馆（俗称"关帝庙"），从今天仍存的建筑格局来看，正殿祀关帝像，两侧厢房东侧是"盥沐室"，西侧为"更衣室"。南边还建有戏楼。南来北往的山西商人经过（或暂住）于此，无不盥沐更衣以祀关帝。关帝又有财神爷之说，在阴历五月十二日关帝生辰之时，周围的平民百姓组成香社，斋戒沐浴，进拜关帝。届时常演关帝戏，扮演关帝的演员，演前一周沐浴净身，不行房事，在台后还要供关帝神位，焚香礼拜，这些规矩是其它戏所没有的。可见对关帝信仰之诚，崇拜之甚。

（二）佛教与沐浴

1. 佛诞之日浴佛会

传说佛祖释迦牟尼降生时，有两条龙（一说九条龙）吐温水、凉水为之洗浴。所以佛教徒乃至民间，把佛诞之日称为"浴佛日"或"浴佛会"、"佛浴节"、"灌佛节"等。佛诞日说法不一，汉地佛教定为四月初八日，藏传佛教定为四月十五日，傣族佛教定为清明节后十日，"世佛联"则定为公历五月月圆日。届时各佛教寺院都要举行浴佛法会或类似的宗教活动。

佛祖圣诞日对佛教徒来说是非常重要的节日，是日，各寺院焚香张彩，诵经礼佛，有大和尚仿龙吐水浴佛，用香水为佛像灌顶。浴佛时，唱《浴佛偈》。《浴佛功德经》所记的偈语是："今日灌沐诸如来，净智功德庄严聚，五浊众生令离垢，愿证如来净法身。"浴佛毕，还要用净水淋洗。最后以浴佛的功德回向于无上的佛果菩提。一般说来，浴洗的佛像是释迦牟尼的诞生像（当然也有浴洗其它佛像的），即数寸高的童子形立像，右手指天，左手指地。传说，释迦牟尼初诞时，右手指天、左手指地而言曰："天上天下，唯我独尊。"原来印度的习惯是尚右，所以右手指天；而中国汉地的习惯是尚左，所以汉地所造的释迦牟尼诞生像多半是左手指天。这种改变虽然不合佛经，但也不失其"合理"和有趣。

汉地佛教于浴佛日还有举办龙华会及"乌饭"（用梧桐叶染饭谓之乌饭）布施、放生等习俗。据《后汉书·陶谦传》：

"（笮融）大起浮屠寺……每浴佛，辄多设饮食，布席于路，其就食及观者万余人，费以巨亿计。"南宋陈元靓《岁时广记》引《荆楚岁时记》："荆楚以四月八日诸寺设斋，香汤浴佛，共作龙华会，以为弥勒下生之征也。"南宋时，京师临安（今杭州市）浴佛更盛，同日还在西湖作放生会。《武林旧事》载："四月八日为佛诞日，诸寺院各有浴佛会，僧尼辈竟以小盆贮铜像（佛祖），浸以糖水，覆以花棚，铙钹交迎，遍往邸第富室，以小杓浇灌，以求施利。是日西湖作放生会，舟楫甚盛，略如春时小舟，竞买龟鱼螺蚌放生。"又据《台湾通志》记载，各祀佛之寺庙、斋堂，均在四月八日诵经和焚香礼拜，例行洗佛，即以五色香水洒洗佛像。这里需要说明的是，汉地并非都是以四月初八日为"浴佛日"，如山东省的鲁西南地区，则以旧历三月三日为浴佛节，清光绪十年（公元1884年）版《曹县志》载："三月三日，为浴佛日，谒佛寺。"

佛陀成道日也有举行浴佛法会的。宋祝穆《事文类聚》载："皇朝东京（开封）十二月初八日，都城诸大寺作浴佛法会，并造七宝五味粥，谓之腊八粥。"一般认为旧历十二月初八（即腊八）是佛陀成道日，所以浴佛。宋《丹霞子淳禅师语录》这样解释："屈子欣逢腊月八，释家成道是斯辰。二千年后追先事，重把香汤浴佛身。"据佛教传说，佛陀出家后，修习苦行六年而无所得，形体枯槁，身体虚弱。他觉悟到苦行无益，便决定放弃苦行，恢复进食，并到连禅河洗浴。因为身体过弱，无法自己出浴，天神便暗中相助，垂下树枝以便他攀缘出水。天神还示意牧羊女用泉水把杂粮和野果熬成乳糜状的稀饭奉献，佛陀食后，体力恢复，坐在菩提树下，于腊月初八日悟道成佛，这一天也就成了佛陀"成道节"。

　　中国的浴佛仪式是从佛祖之国印度传入的，但中国汉地的浴佛仪式与印度的浴佛仪式不完全相同。据唐义净的《南海寄归内法传》卷4《灌沐尊仪章》记载："西国诸寺，灌沐尊仪，每于禺中之时，授事便鸣楗椎，寺庭张施宝盖，殿侧罗列香瓶。取金、银、铜、石之像，置以铜、金、木、石盘内，令诸妓女奏其音乐，涂以磨香，灌以香水，以净白氎而揩拭之，然后安置殿中，布诸花彩。此乃寺众之仪……至于铜像无论大小，须细灰砖末揩拭光明，清水灌之，澄华若镜。大者月半、月尽合众共为；小者随己所能每须洗沐。斯则所费虽少，而福利尤多。其浴像之水，即举以两指沥自顶上，斯谓吉祥之水。"可见，直到相当于中国的唐代时期，印度等地的寺院对体积较小的佛像随时洗浴，对大的佛像则在月中和月终共同洗浴，不限于一年中特定的一天。东汉末笮融浴佛观者万人，断非经常举行之仪式，恐仅在佛诞日进行。到魏晋南北朝时期，浴佛已成为通行的仪轨，一直沿袭至今。

浴佛是佛教借自印度婆罗门教的一种做法，因在佛教诞生之前的印度，洗浴自身以及洗浴圣者像已是普遍的社会风习。因此，这里有必要介绍一下印度非佛教的有关浴神情况。印度耆那教徒信仰的神明是著名的巴胡巴里。印度南部泰米尔纳德邦郊区的马哈巴里巴哈姆是耆那教徒的圣地。那里市镇的小山顶上耸立着一座高达 60 英尺的光彩夺目的巴胡巴里神像。耆那教徒反对祭祀，主张五戒，实行苦行。但每隔 12年，信徒们都要到这里用牛奶、水、椰子汁、糖液、稀粥、檀香糊、郁金粉、朱砂、甘蔗汁和花瓣调制成的"香汤"为这尊神像沐浴。巴胡巴里诞辰一千周年时，有 50 万人从印度各地赶来参加隆重的香汤浇顶洗礼仪式。在石像背后，搭起拱门状的彩楼，彩楼最高层在石像头顶上方，设有三个圆形窗口。荣幸爬上彩楼的人用水罐从窗口把水从石像的头、肩，一直淋到脚，一共要洗一千多罐水，其后混合液随即跟上。而石像脚下围着一群身穿白色或红色袈裟的善男信女，向那位沉思冥想、平视远方的伟大神祇顶礼膜拜。为大神洗顶是一种特殊荣誉，有人为了获得这个殊荣，竟花一万多美元买一罐水。

　　我国西南地区的少数民族，如傣族、布朗族、德昂族、阿昌族等信仰小乘佛教，过浴佛节。此俗源于印度，是经泰国、缅甸和老挝传入我国西南少数民族地区的。浴佛节的时间约在夏历清明节后十天左右，与傣族的傣历新年时间基本吻合。此时浴佛节，充满着欢庆的气氛。节日莅临，信徒们到佛寺布施，感谢佛的保佑和祈求吉利，又在佛寺内堆沙筑塔，围塔而坐，听僧人诵经、说经。至月圆日中午，佛像被请出来放在院内，清水为佛洗浴。礼毕，青年男女则退出，互相泼水为戏，进而四处游行，泼洒行人，以示祝福，虽然常常被泼的全身湿透，但泼者和被泼者都兴奋异常，因而他们的浴佛节又称之为"泼水节"。(图13) 敬爱的周恩来总理

图13　泼水节（采自叶大兵主编《中国风俗辞典》）

生前曾参加过傣族的泼水节，既泼洒他人又被他人所泼，体现了党和人民政府对傣族等少数民族同胞的亲切关怀。

2. 寺院浴室及僧浴

"僧者，净也。"在佛寺内设浴室的主张可溯源到佛教的创始人释迦牟尼那里。《寄归传》中有"世尊教为浴室，或作露地砖池"之说；佛经《维摩诘经》有"八解之浴池，定水湛然满；布以七净华，浴于无垢人"的诗句。后秦时期，弗若多罗与鸠摩罗什合译的《十诵律》一书中，记载了释迦牟尼关于洗澡的一个故事及一段演说。书中说有一个和尚患了皮肤病，去向当时的名医耆域求治。耆域认为这个病必须通过洗澡才能治愈。后来释迦牟尼得知这件事，不仅让这位和尚进浴室去洗澡，而且还向弟子们讲述了洗澡的五种好处。他说：洗澡第一可以除去身上的污垢；第二可以使身体清洁和精神舒畅；第三可以消除寒冷及由此引起的疾病；第四可以治疗皮肤和运动系统的"风疾"；第五可以使身体经常保持健康。不仅如此，释迦牟尼还在《无量寿经》中为人们描绘了一个极乐世界的最理想浴池。他说这个浴池应饰以七宝，底布金沙，池水清澈，上漂香花；池水的温度、深浅、流速都可以按人的意念自动变化。即使现今最先进的浴室也难以与之相比。

西汉末年，佛教从印度传入中国，魏晋南北朝至隋唐间，发展迅速，佛寺浴室也随之产生。北魏杨衒之的《洛阳伽蓝记》对洛阳宝光寺的"浴堂"有这样的记载：

> 宝光寺，在西阳门外御道北。有三层浮图一所，以石为基，形制甚古，画工雕刻。隐士赵逸见而叹曰："晋朝石塔寺，今为宝光寺也。"人问其故。逸曰："晋朝三十二寺尽皆湮灭，唯此寺独存。"指园中一处，曰："此是浴堂。前五步，应有一井。"众僧掘之，果得屋及井焉。

唐宋时代，佛寺建筑物已成定制，其"七堂伽蓝"之说是指山门、佛殿、讲堂、方丈、食堂、浴室、东司（厕所），浴室是不可缺少的组成部分。因地宫大发现而轰动国内外的陕西扶风法门寺，曾有一方石碑——《法门寺浴室院暴雨冲注唯镬器独不漂没灵异记》。全碑两尺见方，碑文共 22 行，每行 28 字或 29 字，立石于北宋太平兴国三年（公元 978 年），由"前节度推官毛文恪"撰文并书写。碑文主要记载了公元 975 年和公元 977 年，在法门寺地区的两次暴雨中房倒墙颓，唯独法门寺东南角的浴室院里的大锅等浴器，竟丝毫没有沾湿与漂没的灵异现象。碑文明确地告诉我们，早在一千多年前，法门寺就设有洗浴的地方——浴室院了。

我国古代佛寺的浴室，服务对象有三种人：第一是本寺的僧人；第二是"供会辐凑，缁侣云集"的外来僧人；第三是附近群众，即《灵异记》碑文中"凡圣混同"的"凡"者。有的规模还很大，像法门寺浴室可以"日浴千数"。我国古代佛寺浴室院一般是小和尚担任浴主，由行者担任浴头，带领沙弥服务。

佛寺内的浴室还影响了世俗的澡堂业。新中国建立前，北平（北京）的澡堂业奉供智公禅师为祖师爷。《中国行业神崇拜》一书的作者李乔，曾采访过北京清华园浴池的于庆章师傅。据于师傅讲，澡堂业奉智公为祖师与浴堂起自寺院有关：澡堂早年叫浴堂，仿自印度，随着佛教传入中国，浴堂的风俗习惯也就传了过来，起初只有寺院才有浴堂，所以供奉智公禅师。①

佛寺设立浴室及僧徒洗浴，目的是澡身而洁心，所以寺院的浴室及佛教徒的洗浴都充满着浓厚的宗教色彩。据《梦义六帖》记载，浴室内要画有生、老、病、死、牢狱之神的

---

① 李乔：《中国行业神崇拜·服务类·澡堂业》，中国华侨出版公司，1990年版。

"五天使"形象；还要供奉在洗浴时得到启示而成正果的贤护菩萨。按《僧堂清规》的记载，每月初九，由浴主鸣钟召集僧人到浴室，在贤护菩萨前诵读《心经》消灾。沐浴时经常念的经文是："洗浴身体，当愿众生，身心无垢，内外光洁。"局部洗浴如日常性的洗脸所念的经文为："以水洗面，当愿众生，得净法门，永无垢染。"僧侣洗浴有具体的程序规定，这从《百丈清规》中脱衣的层次规定可见一斑："展浴袱取出浴具于一边，解上衣，未卸直裰，先脱下面裙裳，以脚布围，方可系浴裙，将裩裤卷摺纳袱内。"清游戏主人纂辑的《笑林广记》收录了一则名为《浴僧》的笑话，大意是：和尚看到道家洗浴，先请师太，次师公，然后是师父，从大到小很有规矩，一点不乱。于是感慨地叹息说："我们僧门全没有规矩，大和尚还没有下去，小和尚先脱得精光了。"这显然是拿僧人取笑，不可信以为然。

佛教不仅浴佛，浴僧，而且还有浴经之举。泰山斗母宫东北一里许有一片石坪，清澈的山水薄薄地经年不断地从石坪上漫过，这块风水宝地被释家所看中，1400多年前的北齐人在这里书刻了《金刚般若波罗蜜经》部分经文（原刻2799字，现仅存1069字），字大如斗，这就是著名的泰山"经石峪"。水渐渐渐字上，字隐隐匿水中，经文若隐若现，禅味十足。在泰山其它水清景秀的地方，也有不少与佛典有关的石刻，如"洗心"（云步桥瀑布处，清康熙甲午年李琰题）、"涤虑"（云步桥瀑布处，清光绪丙申年汪望庚题）、"洗心涤虑"（梳洗河畔，民国 21 年陈嘉祐题）。

洗心涤虑不仅为僧人所必须，世俗之人亦向往之。黄山有温泉名曰"汤泉"，辟有汤泉浴，建有寺院，唐人杜荀鹤曾作《汤泉》诗一首：

> 闻有汤池独去寻，
>
> 一瓶一钵一兼金。
>
> 不愁乱世兵相见，
>
> 却喜寒山路入深。
>
> 野老祭坛鸦噪庙，
>
> 猎人冲雪鹿惊林。
>
> 幻身若是逢僧者，
>
> 水洗皮肤语洗心。

"闻有汤池独去寻"，是那样地执着！"水洗皮肤语洗心"，又是那样地虔诚！

3. 藏传佛教沐浴节

我国藏族同胞信仰藏传佛教，沐浴节是藏族同胞盛大的传统节日之一。

沐浴节，藏语称"嘎玛日吉"，意为"洗澡"。沐浴节在藏历每年的七月上旬举行，为期7天，所以又称"沐浴周"。此俗已有七八百年的历史。十一世纪星象学传入西藏，使藏历更加完善，人们能够依据弃山星（金星）的出没来区分春、秋季节。如拉萨地区凡肉眼看到南方上空的弃山星，说明入春或入秋。藏历七月上旬弃山星出现即告沐浴节开始；弃山星隐没即告沐浴节结束。按照佛教教义，初秋之水有一甘、二凉、三软、四轻、五清、六不臭、七饮不伤喉、八喝不伤腹等优点，因此初秋是沐浴的最好季节。节日期间，人们携带帐篷和酥油茶、青稞酒、糌粑等食品，纷纷到拉萨河畔、雅鲁藏布江边，以及各地江湖旁，竞相下水，在水中嬉戏、游泳，把身体洗得干干净净；又把带来的藏被、藏装洗刷一新。沐浴后，全家老少和亲朋好友们支起帐篷，点起火，老人们围着火炉喝青稞酒、酥油茶，吃糌粑，畅叙家常；孩子们学游泳，打水仗；青年男女则在河滩起舞、歌唱。直到天空上弃山星出现才高高兴兴地回家。藏族在初秋季节还有"寝宫沐浴"之制，所谓寝宫沐浴，系安夏立誓完成后的喜宴。在沐浴期间，政府官员僧俗等，都行沐浴，内外无别。内宫沐浴期的宴会有5天，僧官10天。有关人员每天参加喜宴和领取丰盛的油炸面食等。最后一天，宫殿天窗处立起一个大香炉，达赖喇嘛会同僧官、孜准（宾客司僧官）以上官员前来，高呼"愿善神得胜!"同样，噶厦、译仓卓钦、孜雪强佐、拉萨雪聂米本和拉萨雪聂仓等部门的卓钦，以及各寺院、各工农行会等亦有进行多日娱乐的惯例。

关于沐浴节的来源，藏族有着不同的传说。一说藏历7月6日至12日，西藏出现山鼠星，凡山鼠星照到的水最清洁卫生，并有健身抗病的作用。因此人们为减少疾病而下河洗澡。至于藏胞为什么把天上出现弃山星的七个夜晚定为沐浴节，黄伯沧编，1982年湖南人民出版社出版的《节日的传说》一书，辑有廖东凡搜集的《沐浴节》这则传说故事作了回答：

传说在很古很古的时候，草原上出了一位很有名的医生，名字叫宇托·云旦贡布，他医术十分高明，什么疑难的病都能治好。因此，藏王赤松德赞请他去做御医，专管给藏王和妃子们治病。但是宇托进宫以后，心中仍然忘不了草原上的穷苦百姓。他经常借外出采药的机会，给患病的穷苦百姓治疗。有一年，可怕的瘟疫流传到草原，许多牧民卧床不起，有的被夺去了生命。这时，宇托奔跑在辽阔的草原，为一家又一家患了瘟疫的牧民治病。他从雪山和老林里采来各种药物，谁吃了谁的病就立刻消除。不知多少濒临死亡的病人，被他妙手回春，恢复了健康。草原上到处传诵着宇托医生的名字，人们称他为"药王"。不幸的是宇托医生去世以后，草原上又遭到一次可怕的瘟疫，比前次瘟疫更严重，许多人家人畜死光。生命垂危的病人只好跪在地上向苍天祈祷，希望在天国的宇托医生垂怜牧民们的病苦，保佑人们战胜瘟疫，恢复健康。说来也巧，一天，一个饱受病魔折磨的女子，做了一个梦，梦见宇托医生告诉她说："明天晚上当东南天空出现一颗明亮的星星的时候，你就下到吉曲河去洗澡，洗澡后病就会好。"果然，这个女子在吉曲河里洗澡后，觉得浑身凉爽，心中畅快，疾病立刻消除了，一个又黄又瘦的病女，一下变成了红光满面的健康人。这件新鲜事传开了，所有的病人都拖着病重的身体去吉曲河洗澡。凡是去洗澡的病人，都消除了疾病，恢复了健康。

人们说，这个奇特的星星（弃山星）是宇托医生变的。宇托医生在天国看见草原人们又遭瘟疫，他不能再回到人间来治疗，于是把自己化作一颗星，借星光把江河的水变成药水，让人们用这种药水洗澡来消除疾病。因为天帝只给宇托医生七天假，这个星星也就只出现七天。从此，藏族同胞把这七天定为沐浴节。各地的藏族百姓，也都每年在这个时间，要到附近的江河里去沐浴。据说沐浴以后，全年健康愉快、不生疾病。

也有另外的传说：某年秋天，高原上出现瘟疫，人畜大批死亡。后来观音菩萨派仙女从玉池取来神水，倒入江河湖泊中。当晚，藏族人们都梦见一个患病的姑娘在拉萨河里沐浴，她不但医好了疾病，还变得美貌可爱。于是人们纷纷下河洗澡，结果也消除了瘟疫。这样代代相传，逐渐演变成了藏族的盛大节日。

（三）伊斯兰教与沐浴

1. 爱洁的穆斯林

穆斯林是阿拉伯语的音译，意为顺从者，指顺从真主的人，是伊斯兰教徒的通称。伊斯兰教是世界三大宗教之一。在我国这个多民族的大家庭里，有回族、维吾尔族等十余个民族信仰伊斯兰教，据 1982 年的人口普查数字，我国的穆斯林总人数为 14，613，300。信仰伊斯兰教的穆斯林酷爱清洁，重视沐浴。

提起穆斯林酷爱清洁这个问题，伊斯兰教是值得自豪的，它把讲究清洁作为对真主虔诚的表现。教规规定，身体不洁的人是不准进入殿堂礼拜的，真主也不接受他们的拜功。因此从穆罕默德时代起，穆斯林就养成了人人爱清洁讲卫生的习惯。而在几个世纪以后，英国牛津大学的一些教授还喋喋不休地叫嚷沐浴是一种危险的风俗呢！

穆罕默德是伊斯兰教的创始人，他本人就有着良好的清洁卫生习惯。一是刷牙。念诵经文是要运动口腔的，穆罕默德认为，口臭是天神和在场穆斯林大众所讨厌的，因此，他自己每天的五次礼拜前都要刷牙，而且要求教众也这样去做。《圣训》说："刷牙礼两拜，胜过不刷牙礼七拜。"那时刷牙的工具是树枝，现在苏丹西部一些闭塞地区，仍沿用这种工具。它是当地生长的一种叫"休瓦"的树枝，截取约 1 市尺，即可应用。据说用它刷牙还可以防虫蛀。二是左右手分工。日常生活中，处理大、小便都用左手，右手取食物及处理其他不污秽的事务。三是食前洗手及沐浴。穆罕默德身体力行，并制订成宗教制度，穆斯林亦人人遵守。中国穆斯林还保持食前洗手的习惯。在历史上，我国内地穆斯林经营的饮食摊前，备有一壶清水和一块干布，供顾客接触食物前洗手用。大概是因为杂居的缘故，这个良好的习惯已蜕变成一个形式主义的"纸牌"了，其上画一把盛水的"瓶"，纸牌下还挂着红红绿绿的布条。这纸牌挂在饮食摊前，成为穆斯林食品的标志。在新疆等穆斯林聚居的地方，食前净手保持得很好。如果你到维吾尔族家庭去做客，丰盛的筵席旁，还有一壶清水，这是给您食前净手用的。

最能体现伊斯兰教讲究清洁卫生的莫过于按要求、按程序沐浴了。世界上清真寺星罗棋布，每座清真寺必有沐浴室；条件允许的穆斯林家庭都有按教规进行沐浴的设备。根据努尔·穆罕默德·郑勉之所著的《伊斯兰教常识答问》，① 穆斯林沐浴有着一定的要求和特定的方式。

沐浴的要求是：（一）洁净的清水。在没有自来水以前，我国清真寺内都有专用水井，而且井口有盖，汲水的绳、桶都是专用的；井边禁止倒污水，以防渗入井内污染水质。（二）淋浴。水从躯体流过以后，即被视为污水，不能再用。淋浴方式可以避免使用污水。（三）水流周身。古老的方法是

① 江苏古籍出版社 1996 年版。

头顶上挂一盛满清水的吊桶，桶底有一塞着的孔，沐浴时，拔去塞子，清水即从头流至周身。现在则多使用冷热水自行调节的淋浴设备。

特定的方式是：（一）保持文明。即使同性在一沐浴场所，也要避免裸体相见。常见沐浴室内设有许多仅容一人的舱位，沐浴者进入舱位后再脱去亵衣；也可以在舱外脱衣，然而在脱内裤前必须先用大围布将腰以下围住，进入浴舱后再卸去围布。（二）按程序进行。小净只清洗局部，使用特制的"汤瓶壶"，壶颈很长，盛水后持壶进行冲洗。先洗大、小便处，称之为"净下"。再将两手洗净，以右手窝水漱口、呛鼻孔、洗脸和两肘，并摸头、耳、脖，最后冲脚。大净是全身淋浴，然而淋浴前也要净下、漱口、呛鼻孔，浴后也要冲脚。（三）念诵祈祷词。各个程序都有不同的祈祷词，必须边清洗边念诵。（四）在没有水的情况下则采取"土净"的办法。所谓土净，就是以两手在土上拍拍，即完成了大、小净。这是不得已而采取的变通办法，它只具有宗教意义。

一些散居在汉族群中的穆斯林也有洗"汉澡"的，然而从宗教上来说，不具有身体洁净的意义；要过宗教生活，还得举行大、小净。这是因为汉澡，如盆浴，只一盆水洗来洗去；池浴，数人赤条条地共洗一池水。这都是不符合伊斯兰教规的。

2. 穆斯林的沐浴

穆斯林的沐浴，有大净、小净之别，程序之制，时日规定。所谓沐，是洗七窍（目二、耳二、鼻孔二、口一）、四肢及两便（肛门和阴部），其方法是用瓶贮水，先洗手，再洗两便；然后再次洗手，再依次清洗口、鼻、脸、臂，然后洗头及耳、颈，最后洗脚。所谓浴，是洗七窍、四肢、两便及全身。其方法是，先按照上述方法沐，但不洗脚，然后入盆，用瓶浇着清洗。先洗两臂，然后洗头。洗头时，先顶，次脑，次肩，次胸腹，洗到肚脐时，再洗两腋，两肋，接着洗脊背，洗到腰时，再转回来洗脐下，然后又转回去洗腰下腿胫以至踝。擦干后，再洗脚。沐浴时，使用洁净新汲之水，洗时先上后下，先右后左，先前后后，做到全身水到、手到，沐浴要在虚暗处进行，不可胡思乱想。沐浴是穆斯林生活中不可或缺的组成部分，时常沐浴，尤其下列时日则必须沐浴。

皈依沐浴。皈依伊斯兰教的礼仪中少不了沐浴。皈依者首先要按照教规进行沐浴，使身心洁净；然后戴上白帽，换上洁净的衣服向阿訇表白自己信仰独一的真主和他的使者，即诵念"作证辞";最后阿訇给皈依者取经名。这样他就是一个跨入伊斯兰教门槛的穆斯林了。这种仪式通常在清真寺举行，也可以在家里举行。

礼拜前沐浴。穆斯林礼拜前必须具备身净、衣净、处所净。所谓身净，就是男女性交、男性遗精、女性月经或分娩后，都必须按教规的程序用清水沐浴，这称之为"大净"；大、小便或放屁后，按规定清洗局部，称之为"小净"。礼拜在清真寺内举行，因功能的需要，清真寺的建筑有大殿、沐浴室和宣礼塔。沐浴室内配有汤瓶、吊罐等沐浴用具。汤瓶是穆斯林传统的盥洗用具，除了礼拜用汤瓶洗小净外，日常也用来洗手洗脸。穆斯林认为洗过的水不洁，不能多次使用。汤瓶有金属、搪瓷、沙陶泥等种类，其造型如高腰水壶，有盖、有柄、有出水的小嘴，不洁之物不致进入，既卫生，又方便。吊罐以陶质或金属为主，其腹大口小，两侧有穿绳悬挂的耳环，底部有一个漏水孔，并附活塞，用时拔出塞子，水从漏孔中流出。悬挂吊罐的下方，修置水池，使污水通过下水道流往室外。吊罐淋浴，简单方便，省水卫生，故长期以来为穆斯林所乐于采用。关于"三洁"，中国历史上流传这样一则有趣的故事：明初大将常遇春是一位穆斯林，一次常遇春正在金陵（南京）三山街净觉寺礼拜，朱元璋去找他，一脚跨入大殿，被殿役劝阻，说入殿要先"净脚"，因而这座清真寺后来被叫作"净觉寺"（"脚"与"觉"谐音）这则故事虽然经不起推敲，但也反映了穆斯林是极为重视洁净的。

斋戒沐浴。斋戒是伊斯兰教"天命五功"之一，每年希吉拉历9月（莱麦丹）为"斋月"，以望见新月决定起止，为期一个月，每日"鸡鸣而食，星灿而开"，白天不饮不食。伊斯兰教认为，斋戒的基本目的在于"止食色以谨嗜欲"，斋戒期间，断绝尘情，抑制私欲，斩断诸缘，以"习主清净，相近于真主"。因为斋戒期间白天禁食禁饮，因而斋戒者是有条件的，除成年人、理智健全者、身体健康者、居家者这四条外，还有一个重要的条件就是"身体必须洁净"。如妇女经期及产期被认为身体不洁净，待过后按教规先大净再补斋。

朝觐沐浴。朝觐亦是伊斯兰教的"天命五功"之一。公元629年，穆罕默德颁布朝觐制度，规定凡具有一定条件的穆斯林，不分性别，平生必须赴麦加"朝觐"一次。每年希吉拉历12月为"觐月"，朝觐的穆斯林必须如期赶赴麦加，履行一系列"朝仪"：一是入关受戒。进入圣地之前，在一些指定的地方（称戒关）开始受戒，沐浴净身，穿戒衣，露顶，裸足，不剃发，不修髭，不配容香等等，进入圣洁状态，并诵应召辞，表示应"主命"而往圣地。二是正朝。进入麦加后，入禁寺环绕天房克尔白行走 7 圈，朝向克尔白礼拜两拜，在萨法与麦尔卧两山之间往返奔走 7 次。当月 8 日起进住麦加城外的米纳并拜谒木兹德西法等圣地，参加阿尔法特山的大典，连续三日向米纳谷口的三根柱子投射石子。10 日为古尔邦节，宰牲开戒，朝觐大典基本告成。三是辞朝。由米纳返回麦加，再绕行克尔白，随即离开麦加，赴麦地那进谒先知陵墓。早在中国唐代的典籍中对麦加已有记载，元代穆斯林朝觐者见于碑碣的是郑和的祖父和父亲。郑和下西洋，随行的穆斯林马欢、哈三等人曾到麦加朝觐。我国有关朝觐的专著有清代伊斯兰教经学大师马德新的《朝觐途记》等。

节日沐浴。穆斯林有三大节日，即"开斋节"、"古尔邦节"和"圣纪"，而实际上只有开斋节和古尔邦节作为节日来欢度，圣纪只是纪念性的日子（先知穆罕默德的生辰和忌日都在希吉拉历的 3 月 12 日，故统称为"圣纪"），以赞扬穆罕默德和宣讲他的传教事迹为主要活动内容。开斋节和古尔邦节，男女老少都要沐浴，换上节日的服装。上午，清真寺里还要举行会礼，结束后，互相拥抱并致节日的祝贺。节日的食品是"香油"，几乎家家制作，分赠亲友，以示友谊和庆贺。古尔邦节还要宰羊，羊要选择俊美的良种羊，宰后除自己食用外，也要分赠亲友。

归真沐浴。穆斯林谓弃世叫"归真"或"无常"，一般不以"死亡"相称。穆斯林亡人一旦心脏停止跳动，即"瞑其目，撮其颏，理其髭，顺其手足"，更换洁衣，移尸体于"浴床"之上，以白布单衾覆盖。入葬前，要为亡人沐浴，净化身心，称为"洗埋体"。洗时，一人持"汤瓶"浇水，一人则戴手套试洗全身。浴毕，将遗体移至"克番"（殓衣）上，从头至足包裹严实，装入"塔布"（匣）。晚清时期的民族英雄左宝贵，是一位虔诚的穆斯林，甲午战争中为国捐躯前，他按照伊斯兰教规"洗乌斯"（全身沐浴），以示必见真主的信念，甚为感人。

六　全人类的共同习俗

（一）西洋沐浴几波澜[1]

沐浴是一个世界性的习俗，它历史悠久，分布很广，异彩纷呈。纵观西洋沐浴史，颇具戏剧性，它经历了一个由喜欢沐浴到讨厌沐浴再喜欢沐浴的发展过程。在古希腊神话中，英雄奥德修斯特爱沐浴。有一次，他到喀尔刻的小岛后，旋即安排女仆给他备水洗澡。奥德修斯曾以高兴的口气叙述这次沐浴的经过："刚一进去"，"她（女仆）就把热水从我的头上、肩上倒下来。我在澡盆里待了个够，直到完全消除了旅途上的疲劳。"这是西洋沐浴史中古老的传说。已知最早的一个浴缸来自希腊克里特岛上的一座神殿，是为公元前1700年左右的迈诺斯王而造的，形状与现代的浴缸很相似。古希腊

---

[1] 本节参考陈剑波编译《沐浴小史》，见《历史大观园》1997年第9期。

人非常喜欢沐浴（图14），每逢贵客临门，第一件事就是招待客人沐浴，而招待客人（无论男女）的通常是女主人或她的女儿。古希腊人的沐浴设施和种类有盆浴、池浴、淋浴和蒸气浴，并建有公共浴室，但他们一般不过分沉溺于沐浴，注重的是清洁，而不是享乐。古希腊人沐浴没有肥皂之类的浴剂，而是把油膏和炭灰涂在身上，用浮碱和沙擦洗，再用一种弧形的金属浴刷刮干净，最后全身涂上橄榄油泡在水中。

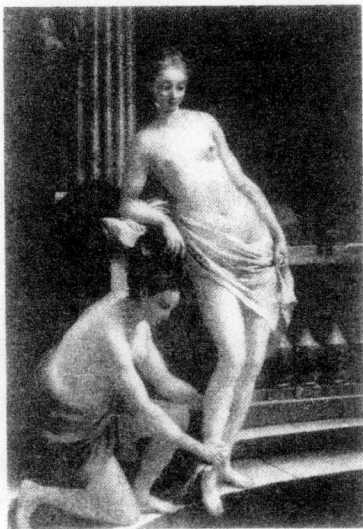

图14　希腊贵妇的沐浴〔法国〕约·维恩

　　古罗马人有沉溺于沐浴的习惯，稍有点社会地位的人家里都有洗澡间，另外还修建了规模巨大、设施齐全豪华的公共浴场。罗马人的洗浴方法独具特色，沐浴者首先要用香熏，继而往身上涂芳香油，然后在蒸气室里出透汗，浴室内的奴隶为沐浴者按摩、刮汗毛、搓身，最后再进盆沐浴。罗马帝国早期的公共浴室是一种叫作 Balneum 的公共小澡堂。公元前 25 年，阿格里帕设计并建造出第一个温泉浴室，从而引发了古罗马人沐浴黄金时代的到来。以后的帝王所建温泉温室越来越大，有的还带有餐厅、剧院、音乐厅和运动场所，甚至还有供睡觉的休息室。建于公元 126 年至 127 年大莱波蒂斯城的海德瑞恩浴室，有冷、暖、热三池，是"大莱波蒂斯考古区"的重要组成部分，被联合国教科文组织列入世界文化遗产清单。（图 15）卡拉卡拉帝的浴室比伦敦圣保罗教堂大 6 倍，能同时接纳 1600 个澡客。公元 305 年落成的戴克里先帝的浴室全用大理石建成，金碧辉煌，巨大的穹顶下能供 3000 多人同时尽情享受。公元 4 世纪，罗马城里有 11 个豪华的大澡堂，1350 多个蓄水箱和数以百计的家庭浴室。城中有 13 条供水渠道，平均每人日耗水量达 300 加仑，相当于目前一个 4 口之家一天的用水量。

图 15　海德瑞恩浴室（采自《世界知识画报》1996 年第 7 期）

　　喜欢沐浴本来是一种文明的表现，然而物极必反，由于古罗马人过分沉溺于沐浴，公共浴室逐渐成了淫乱和丑恶的温床，有的成为娼妓聚集的场所。古罗马人在沐浴方面过分地淫逸放纵是导致古罗马帝国灭亡的原因之一。随着古罗马帝国的毁灭，教士们把肉体上的清洁说成是奢侈。在以后的几个世纪中，古希腊、古罗马的卫生习惯被人为地压制了，人们常说，中世纪的欧洲是没有沐浴的一千年。与古罗马沐浴命运类似的是英国和法国的"烧锅"（Stews）浴室，它是古罗马灭亡后十字军引入欧洲的，最初烧锅很受欢迎，但是逐渐成了花花公子和窥阴者的出没之地，这种不道德的行为以及疾病的流行，引起了教会的强烈反对，最终烧锅被关闭。

欧洲的"文艺复兴"是世界文明史上值得大书特书的一页，但它并没有给沐浴带来复兴。十六世纪的专家们认为，水对人体是有害的，会引发恶性肿瘤。十六世纪亨利八世时期，英国大多数公共浴室被下令关闭；1538 年法兰西斯一世命令摧毁法国所有的浴室。十七世纪情况有所变化，认为洗浴可以治病，如方法医学派创始人约翰·威士利认为冷水浴能治疗乳房肿瘤和失明等 50 多种疾病，矿泉水也被认为能促进健康和生育能力，延缓衰老以及增加财富。但是，就总体情况而言，只是在特殊情况下（如生病）才允许有限度的洗澡。西班牙腓力二世不准王后伊莎贝尔沐浴，理由是，"既然你并未患有疾病，洗澡是有害的举动"。法王路易十五于 1750 年曾命人把膳房改建在浴室的地方，有人问道，"难道陛下就不沐浴吗？"他回答得非常坚决："不洗，我永远不洗！"祖籍欧洲的美洲殖民统治者们也反对沐浴，在他们看来，沐浴意味着赤身裸体，必然导致乱交。宾夕法尼亚州和弗吉尼亚州都颁布法令，禁止或限制沐浴。在费城有一段时期，凡在规定期限内超过沐浴次数的人要判刑入狱。在西洋沐浴总体上受压抑的时期，有时也有沐浴文化的光点，如在英国的坎特伯雷，基督教修道院由 1150 年铺设的管道提供用水，那些"凡心未了"的修道士有时被叫去用冷水洗掉尘念。每年修道院的主持都会几次在取暖室中放些肥皂和热水，由年长的修道士首先在橡树或者核桃树做的椭圆形的浴盆中洗浴，新来的教徒则要轮到最后才能入盆。生病的修道士往往能获得额外的沐浴机会。

肮脏导致疾病肆虐，有识之士开始认识到洗浴的重要性。十九世纪，沐浴在欧美发生了转机，"柳暗花明又一村"。1840年，英国议会通过《公共浴室法案》。1842年，大不列颠济贫法委员会大臣爱德文·查德威克认为，肮脏导致疾病，疾病造成贫穷，全力提倡改善劳动阶层的卫生状况。1860年，伦敦建成了10个公共浴室，能供100万人使用。维多利亚时代的英国学院派画家弗·莱顿（1830—1896年）有一幅名为《普绪刻洗浴》的名画，这或许就是当时英国社会风俗的写照。(图16) "浴室运动"也从欧洲传到了美国，1892年《美国医学协会会刊》指出："如果说预防比治疗更重要，那么拨款建个大公共浴室要比建医院对人们更有利。"不久一些时髦的美国家庭，竞相修建私人浴缸。美国近代画家卡萨特（1844—1926年）的那幅《洗澡》画，描写母亲为小孩洗浴，极富情趣。(图17)

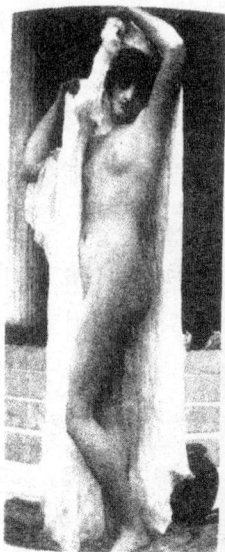

图16　普绪刻洗浴
（局部）〔英国〕弗·莱顿

图17　洗澡
〔美国〕卡萨特

　　芬兰浴叫"萨乌那"，非常著名。芬兰人常说："到芬兰不洗一下萨乌那，你会终身遗憾的。"芬兰有150万个"萨乌那"场所，平均每3个人就有一间，一般人每周洗2～3次。大小宾馆均有此设备，以位于湖边的木屋别墅里的气氛最佳。萨乌那在芬兰已有2000多年的历史了。地道的萨乌那，是在湖边的小木房子里进行，木房内有摆成架状的黑色石块，下面有点火的缝隙。将石块烧热后泼水，使室内雾气蒸腾。洗澡者就坐在蒸人的热浪中蒸烤使其充分流汗。入浴的顺序是：先将身体洗净，进入热水中，不断淋身，然后到休息室稍作休息后再入热水池中以白桦树皮叶敲打身体，以便刺激血液循环和除去深藏的污垢。进而又入热水中让汗流出。最后喝些啤酒、饮料等，补充失去的水分。萨乌那充满着芬兰特有的文化意味，如果有好客的芬兰人邀请你洗澡，一定不要错过这个大好的机会。西方著名的沐浴还有桑拿浴、土耳其浴等，随着中西沐浴文化的交流，芬兰浴、桑拿浴、土耳其浴等也传到了中国，并大有兴盛之势。

这里附带介绍一下古代中东地区的沐浴情况。经考古证实，在加沙地区五千年前就有了沐浴设施；在巴比伦地区的陶罐里发现的类似肥皂的东西造于公元前 2800 年；古代中东还流传着主人为客人供水洗脚的风俗。古埃及人同样酷爱卫生，他们使用新鲜的亚麻油膏、护肤剂及除臭剂来清洁身体，还用动、植物油制成肥皂似的东西治疗皮肤病。从古墓葬出土的文物可以看出，古埃及人沐浴时坐在一个浅盆里，由仆人从头顶将水倒下。古埃及人也到尼罗河中去浸浴。摩西就是被正在河中洗浴的法老女儿从河中的芦苇篮中救起的。摩西还号召其希伯来的追随者们洗干净自己的衣服，教士在布道前也要在一个铜盆中洗净手脚。

西洋沐浴最近又有新的发展。据路透社布鲁塞尔1997年11月11日电，在第46届布鲁塞尔发明家博览会上，名为"章鱼"的横向喷水淋浴器在大量充满技巧智慧的发明中独树一帜，它融喷水按摩缸、淋浴和蒸汽浴的功能于一身，发明者胡安——加布里埃尔·安图尼亚是一位慢性腰背疼痛和肌肉紧张症患者。使用时浴者面朝下躺在一个箱子里，该箱子与魔术师用来表演拦腰锯活人的道具箱相似，不同的是浴者只把头伸出箱子。箱子盖关上后，一组36个喷头对着浴者身体喷出高压热水流，同时上下移动，持续8分钟。出生于西班牙的比利时人安图尼亚兴奋地说："这确管用。它同时具有按摩和洗浴功能，能按摩腰背和腿部的所有穴位。"

（二）圣水河里施洗礼

犹太教、基督教把约旦河视为圣水河，教徒们在约旦河施行洗礼；印度教徒把恒河称为"恒妈"，常在"恒妈"怀抱里沐浴。

耶稣是位犹太的宗教导师，从犹太教主流中分离出来的一部分人，相信耶稣是"基督"，逐渐发展成基督教。"基督"原是个希腊字，和希伯来语的"弥赛亚"是同义字，意思是"受膏者"，也就是"复国救主"。据《马可福音》："耶稣从加利利省的拿撒勒来，约翰去约旦河给他施洗。"《马太福音》记载的较为详细：

> 那时，有施洗的约翰出来，在犹太的旷野传道，说："天国近了，你们应当悔改。"这人就是先知以赛亚所说的。他说："在旷野有人声喊着说：'预备主的道，修直他的路。'"这约翰身穿骆驼毛的衣服，腰束皮带，吃的是蝗虫、野蜜。那时，耶路撒冷和犹太全地，并约旦河一带地方的人，都出去到约翰那里，承认他们的罪，在约旦河里受他的洗。约翰看见许多法利赛人和撒都该人，也来受洗，就对他们说："……我是用水给你们施洗，叫你们悔改；但那在我以后来的，能力比我更大，我就是给他提鞋也不配，他要用圣灵与火给你们施洗。"

> 当下耶稣从加利利来到约旦河，见了约翰，要受他的洗。约翰想要拦住他，说："我当受你的洗，你反倒上我这里来吗？"耶稣回答说："你暂且许我，因为我们理当这样尽诸般的礼。"于是约翰许了他。耶稣受了洗，随

即从水里上来，天忽然为他开了，他就看见神的灵，仿
佛鸽子降下，落在他身上。天上有声音说："这是我的爱
子，我所喜悦的。"

据《路加福音》记载，施洗者约翰，为祭司撒迦利亚和以利
沙伯之子，幼年隐居旷野，劝人悔罪，为人施洗，宣讲以赛
亚即将到来，因用约旦河水为人特别是为耶稣洗礼而名声大
振，在他的名字前加"施洗者"，叫作"施洗者约翰"。世界著
名画家、意大利人达·芬奇曾作有一幅《基督受洗》的名画，
画中的人物虽然显得呆板些，但"宗教图解"在这里是必要
的。(图18) 另外，达·芬奇还画有《施洗者约翰》，背景画

图18　基督受洗〔意大利〕达·芬奇

得漆黑，画中人上身裸露，而整个身子没入在黑暗中，只有右肩到胳臂、脸部、右手以及隐约可见的左手，暴露在照明之中。画中的施洗者约翰有着蒙娜·丽莎一样的微笑，而且在茫茫黑夜中手指天国，有人揣测，"这也许是大画家内心苦闷的写照"。

在世界范围内，基督教徒都要施行洗礼（虽然不一定都在约旦河），在教堂内设置洗礼设施。洗礼与洗浴稍有不同，洗礼作为一种入教仪式，象征洗去罪恶，或表示旧人已死，重做新人的意义，因此一生只举行一次。洗礼有"点水礼"和"浸礼"两种。基督教在其发展流变过程中产生了许多宗派，不同宗派对洗礼有着不同的观点，如十六世纪的再洗礼派主张第二次洗礼，但否认婴儿受洗礼的效力，强调只有具备充分自由意志能力的成年人受洗才有意义。十七世纪英国又出现浸礼宗，因主张采用全身浸入水中的洗礼仪式而得名。天主教也主张"圣洗"，由主礼人用水少许点于受礼者头上（或将受洗者全身浸入水中），点受洗者的名后，宣称"奉圣父、圣母、圣神之名××，阿门！"圣洗有洗去原罪和重生的意义，亦视为加入教会的标志，一般由神职人员在教堂施行。天主教对婴儿施行圣洗，受过洗的婴儿成长后必须再受坚振

礼。位于意大利中部托斯卡纳省省会的比萨教堂及其洗礼堂，建于公元十一世纪，至今尚存。(图 19)

图 19　十一世纪意大利的洗礼堂

(采自朱伯雄编著《世界美术名作鉴赏辞典》)

　　基督教自七世纪作为景教(基督教的聂斯脱利派)传入中国，距今已有 1300 多年的历史了。据明天启五年(公元 1625 年)在西安发现的《大秦景教流行中国碑》记载，至迟于唐贞观十九年(公元 635 年)已传入中国当时的心脏地带长安。特别是近代西方传教士的涌入，大肆兴建教堂和举办教会学校，基督教在中国大为发展壮大，不少中国人信仰基督教，其洗礼之习也逐渐固定化。

印度人对恒河有着极为深厚的感情，他们亲切地把恒河叫作"恒妈"。印度教徒更是把恒河视为圣河，把恒河水当作圣水。传说恒河是天上女神的化身，她应人间某国王为冲刷他祖先的罪孽的请求而下凡。湿婆神站在喜马拉雅山，迎接恒河女神，让汹涌而来的河水沿着她的头发缓缓流向大地，使恒河水既冲走了那国王祖先的罪孽又灌溉了农田。从此恒河水成了印度教徒心目中洗涤罪过的圣水，造福人类的福水，湿婆神成了人们敬奉的圣神，而湿婆神迎接恒河女神下凡的地方瓦腊纳西，成为印度教徒们朝圣的"印度之光"。不管刮风下雨，每天从清晨四五点钟开始，千千万万瓦腊纳西居民和迢迢远程而来的印度教徒不分男女老少，纷纷跳到恒河水里洗圣水澡和举行其它宗教仪式。到恒河洗圣水澡是印度教徒引以为豪的事情。他们认为，在恒河里洗澡，可以洗掉心中的邪恶和晦气，洗掉人生的罪过；若是能在圣河岸边寿终正寝，或是火葬或是水葬，随恒河女神升天，来世必将享福无穷。这种信念深深地影响了世俗，沐浴于恒河早已成为一种全民性的传统习俗。

在恒河的右岸，有个古老的宗教城市叫哈特瓦，它是一座有着数百年历史的宗教朝圣圣地。每隔 12 年，这里就有一次盛大的宗教节日。这一天，数百万印度教信徒怀着一种孩子去见母亲的心情，忍受着饥饿和疲劳，从各地赶到这里来完成自己一生的夙愿——在圣河中沐浴身体和超度灵魂。节日期间，恒河岸边布满了摆着鲜花的小摊和更衣的凉棚，僧侣、学者、富翁、穷人、农民、商贾、星相家，老人、孩子、额上点着红色吉祥痣的妇女，争先恐后地到圣河里沐浴，在这里，他们同样地得到"恒妈"的抚爱。沐浴后，他们到水边的一座大庙去祈祷，然后把鲜花或牛奶洒到河里。

(三) 沐浴奇俗与新潮

不同的国度、不同的民族，有着不尽相同的沐浴习俗，有的还十分奇特。随着时代的发展，沐浴新潮也不断涌现，异彩纷呈。

1. "风吕"与"行水"

日本是一个爱好沐浴的国度，有位荷兰医生在他的《日本纪行》一书中这样写道："船锚好后，日本人便急忙上岸，到处寻找澡堂。无论是旅途中还是在家里，洗澡是一天中不可缺少的。"日本澡堂的历史，是随着佛教的传入而开始的，据说起源于五百年前的饮明天皇时代。当时佛教徒为表示对佛虔诚，常常把佛像洗得干干净净，谓之"浴佛"。后来僧侣在参加法会前，为表示对佛尊敬，也把自己的身体洗净，称作斋戒沐浴。沐浴的地方叫温室，"风吕"（洗澡）这两个字就是当时"室"字的读音分开而拼成的。僧侣净身的习俗后来传到民间，普通人家一般是就地挖坑，内铺油纸，再注入水，然后将很易烧热的小石子置入水中，水热后洗浴，所以最初的澡堂多叫"石室"或"石山窝"。日本文献《枕草子》和《今昔物语》也有关于石子加热置水中而沐浴这种方法的记载。

日本人把洗澡分作两种：一种是热水浴，叫"风吕"（图20）；另一种是冷水浴，叫"行水"。"风吕"热水浴的洗澡水要一直保持相当的热度。二次世界大战前夕的一般家庭都有"风吕"设备，有的是一个大桶，有的是一个池子，通常总有一个大锅煮着热水，用两根铜管通到浴池或桶里，使池或桶中的水温始终保持锅水的热度。还有一种叫作"五右卫门风吕"，就是用大铁锅洗热水澡。五右卫门是封建时代的一个大盗的名字，传说他有一次闯入丰田秀吉将军的住宅行盗，失手被擒，被处死刑。行刑的方法是在铁锅中活活煮死。从此人们把用大铁锅洗热水澡就叫作“五右卫门风吕”。这种洗澡方法是在锅底放一块木板，以免把脚踏在锅底上被烫伤。

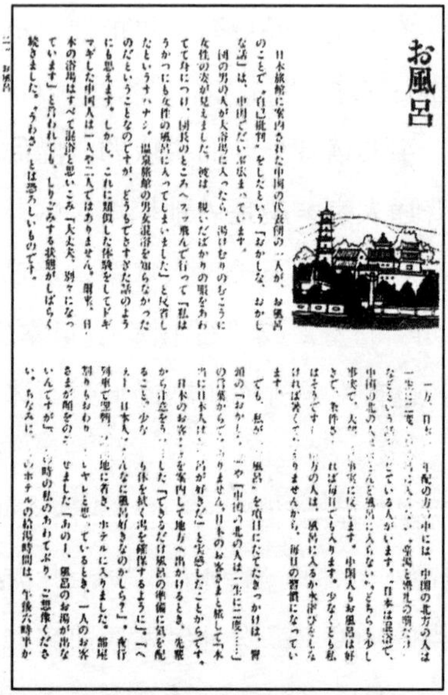
お風呂

日本旅館に案内された中国の代表団の一人が、お風呂のことで"自己批判"をしたという「おかしな、おかしな話」は、中国でだいぶ広まっています。

団の男の人が大浴場に入ったら、湯けむりのむこうに女性の姿が見えました。彼は、脱いだばかりの服をあわてて身につけ、団長のところへスッ飛んで行って「私はうかつにも女性の風呂に入ってしまいました」と反省したというハナシ。温泉旅館の男女混浴を知らなかったのだということなのですが、どうもできすぎた話のようにも思えます。しかし、これに類似した体験をしてドキマギした中国人は一人や二人ではありません。開放、日本の浴場はすべて混浴と思いこみ「大丈夫、別々になっています」と言われても、しりごみする状態がしばらく続きました。"うわさ"とは恐ろしいものです。

一方、日本[illegible]年配の方の中には、中国の北方の人は一生に二度[illegible]"産湯と湯灌の時だけ"などという[illegible]ている人がいます。"日本は混浴で、中国の北の人[illegible]風呂に入らない"、どちらも少し事実で、大[illegible]事実に反します。中国人もお風呂は好きで、条件さ[illegible]れば毎日でも入ります。少なくとも私はそうです。[illegible]方の人は、風呂に入るか水浴びをしなければ[illegible]ませんから、毎日の習慣になっています。

でも、私が[illegible]風呂"を項目にたてたきっかけは、習慣の「おかし[illegible]や「中国の北の人は一生に二度……」の言葉から[illegible]ありません。日本のお客さまと旅して「本当に日本人は[illegible]呂が好きだ」と実感したことからです。

日本のお客[illegible]を案内して地方へ出かけるとき、先輩から注意を[illegible]した「できるだけ風呂の準備に気を配ること。少な[illegible]も体を拭く湯を確保するように」。「へえー、日本人[illegible]んなに風呂好きなのかしら?」。夜行列車で翌朝[illegible]地に着き、ホテルに入りました。部屋割りもおわり[illegible]レヤレと思[illegible]ているとき、一人のお客さまが顔をのぞ[illegible]せました「あのー、風呂のお湯が出ないんですが」[illegible]の時の私のあわてぶり、ご想像ください。ちなみに、[illegible]のホテルの給湯時間は、午後六時半か

图 20　关于日本的“风吕”（采自蕙萱著《楽し民俗学》）

后来，又发展出了公共浴室，日本人叫“钱汤”。男女分别在大型浴池里泡澡，但看管澡堂的“番台”则是一人同时照

看男、女两个澡堂。曾有一段时间，日本的很多公共澡堂是男女混浴，现在仍有一些浴池保留着这种形式，只是设有男女分开的穿衣间。日本人认为，男女混合在一个公共浴池里洗澡，完全是一种自然的事情，并没有什么值得大惊小怪的。但是有一条规矩，不得相互注视。在江户时代，日本浴池的二楼有茶水服务，还有卖糕点的，卖小吃的，除此之外，还有围棋、插花的练习场所。即使到了现在，浴池仍然保留着这种风格。

至于日本人为什么喜欢洗澡，说法不一。有的说日本是岛国，潮湿多雨的气候使人觉得只有洗个澡才舒服；有的认为日本是一个火山国家，温泉多，温泉水中含有多种化学成分，可以治疗皮肤病、关节炎等，因此喜欢洗澡，特别是温泉澡；也有的认为，日本人喜欢在澡堂里哼唱自己喜欢的歌曲，可谓是一天紧张劳动后的休息。无论何种原因、何种说法，其中有一点是共同的，洗澡有益于健康。

2. 海水浴·泥浆浴·热沙浴

地球上有漫长的海岸线，这就给人类洗海水浴和修建海水浴场提供了方便。远的不讲，中国国内海水浴场就不胜枚举。青岛的海水浴场是颇有诱惑力的浴场，计有汇泉、栈桥、八大关、太平角、四方、沧口等6处，以汇泉第一海水浴场最大。青岛有这样多的海水浴场，是同它特殊的海岸构造分不开的。在青岛的地质史上，曾发生过两次断裂。第一次是西南——东北走向，平行的裂缝，喷出大量岩浆，岩浆冷却后便形成山脉。山脉蜿蜒曲折，从海岸伸进大海，成为一个个岬角。原有的海岸，由于水浪的冲击和长期的风化作用，岩石变成了砾石，砾石又变成细沙。而伸进海面的岬角，却因年龄短，依然保留着嶙峋的面貌。这样青岛的海岸就形成了岬角和沙滩相间排列的特殊结构，为建造海水浴场提供了得天独厚的条件。汇泉第一海水浴场是青岛建造得最早的一处浴场。它的历史上有着帝国主义侵华的深深烙印。19世纪末，德国侵略者武装占领了青岛之后，把这块风景优美的地方开辟为海水浴场，建造了一些更衣室；在岸上设立了舞厅、酒吧间和露天音乐台等，供他们寻欢作乐。浴场附近，还先后建立了东海饭店、白马饭店、百乐饭店等专门接待外国人的旅馆。第二次世界大战末，日本帝国主义为垂死挣扎，拆除了第一浴场的更衣室，用其材料修筑工事，使海水浴场大部分遭到破坏。新中国成立后重新建造，并陆续开辟了其它五个海水浴场。第一海水浴场长约600米，宽约500米，满潮时约有2万平方米。设有更衣室100多个。夏季到来，绿海碧波变成了欢乐的世界，平阔柔软的沙滩像一条金色的地毯。人们在滚滚的波涛中，沐浴着身体，洗涤着心灵，焕发着力量。位于浙江境内的普陀山，是舟山群岛中的一个小岛，它不仅以我国四大佛教名山之一而著名，而且还以沙滩众多，宜于夏浴而闻名于世，如金沙、南沙等都是理想的天然海滨浴场。

泥浆浴虽然不中看，但却中用，特别是美容效果尤为神奇。据史料记载，非洲古代宫廷中盛行泥浆浴，即用清洁纱布包裹特选的泥土，轻轻拍打全身的肌肤，具有促进皮肤细胞代谢的功能，使肌肤红润、富有弹性。很久以来，欧洲人也极为重视泥土的医疗作用。泥土的美容效果十分明显，它不仅能消除皱纹、使皮肤洁净、细嫩，而且还能治疗粉刺。

现代泥疗有很多讲究。泥疗所用的泥土不是一般的泥土，而是含有镁、钾、硫、锌、铁、钠等丰富矿物质的泥土。各种泥土因矿物质的含量不同而疗效各异。如以色列地区的河、海泥浆中含锌，能治疗油性皮肤和粉刺。法国、意大利和日本美容界，盛行海藻泥浆浴，即在泥浆浴后，用从自然海藻中提取的美容液涂擦全身，然后再用热蒸气洗净。美国还把不同用途的泥浆作为商品出售。现代泥浆浴的方式也因地、因人而异。常见的方式有一浸即出、久泡、涂面及抹身等。

泥疗的次数有一周一次、一旬一次、半月一次或一月一次。一般在泥浆浴后要使用温水洗净全身，这样既清洁卫生，又能加快全身的代谢功能。

提起沙漠特别是非洲沙漠，一般人往往会想到炎热、干燥，十分可怕。其实这种热沙并非一无是处，用沙沐浴，有着健身疗疾的功能，特别是对治疗关节炎，疗效最为显著。我国西北地区的敦煌市境内有个鸣沙山，顾名思义，此山由沙堆积而成，高近百米，山峰陡峭，势如刀刃，细沙洁净，隐隐有声。中午时分，沙温甚高，游人到此，无不脱去鞋袜，赤脚踏沙登峰翻山。笔者曾有幸亲临其境，双脚被热沙烫得发红，其感觉犹如热水泡足，犹如神仙按摩，热热的，痒痒的，令人不能自已。（图21）据当地老乡介绍，每年都有许多疗疾者到此沙浴。

图21　鸣沙山浴足

在日本九州萨摩半岛的南端，有一个依山面海的旅游胜地——宿镇。"热沙浴"是这里的一项颇具吸引力的旅游服务项目。在烈日炎炎的海滩上，进行热沙浴的人被埋在烫人的热沙滩中，只露出脑袋，旁边有人不断地往身上铲沙加压，并为他拭去脸上的汗水。这里的海滨位于火山地带，地下温泉众多，致使地表温热，就连海滩细沙也被蒸得热气腾腾。人们埋在沙堆里，让沙子的热气浸透肌肤，具有消除疲劳、舒筋活血、促进健康的作用。

3. 空气浴·森林浴·日光浴

空气是弥漫于地球周围的混合气体，主要成分为氮和氧，此外还有水蒸气、二氧化碳、惰性气体等。空气特别是空气中的氧气对维持人类生命不可或缺，空气新鲜与否也影响着人们的健康，古今养生家们十分讲究吸纳新鲜空气和吐出浊气，并由此而发展成为空气浴。先秦文献《庄子·刻意》中讲："吹呴呼吸，吐故纳新，熊经鸟申，为寿而已矣。"这就是说，吐出浊气，吸进新鲜空气，有利于健康长寿。据说乾隆皇帝的健身长寿秘诀是十六个字，即"吐纳肺腑，活动筋骨，十常四勿，适时进补。"所谓吐纳肺腑，就是每天早起，多做深呼吸运动，吸进新鲜空气。广泛流传的《古代十叟长寿歌》

中有"摩巨鼻：空气通窗牖"之说，讲的也是呼吸新鲜空气。

　　道教有一种叫作"调息法"的健身术。调息法是通过调整呼吸节奏，加大呼吸深度，增强肺部的活动能力，加大氧气的摄入量，扩大二氧化碳的排放量。人的呼吸，本来就是吐故纳新的过程。吸纳新鲜空气，在道教中有许多方法，如服六戊气法、服三五七九气法等。锻炼吐故气则有吹、呴、呼三种方法。吹是吹出凉气，呴是呵气，呼则是呼出体内的废气。隋唐以后，在这三种方法的基础上，又发展成吹、呼、唏、呵、嘘、呬六种。唐代著名道士马承祯的《服气疗病论》讲："纳气有一，吐气有六。"纳气是"以鼻纳气"，吐气为"以口吐气"。不同的吐气方法可以治疗不同的疾病，如"吹以去热，呼以去风，唏以去烦，呵以下气，嘘以散滞，呬以解极"等。

　　在日常生活中，建房子讲究通风向阳；早晨起床后习惯打开窗户；在室内时间长了喜欢室外散散步等，事实上，这都属于空气浴的范畴。

　　所谓"森林浴"，是指登山观景、林中逍遥、荫下散步和郊外野餐等广泛接触森林环境的活动。森林浴是自然疗法的一种，主要是通过自然环境调节精神，解除疲劳，抗病强身。

森林的隔音效果会使人感到宁静，绿色的环境和优美的风景能给人以舒适安谧的感觉。另外，森林中的许多树木，如樟木、杉木、落叶松等，还会散发出一种对人体有益的气体，并能治疗一些常见的疾病。一般说来，城市里人口密度较大，绿地面积相对较少，再加噪音和废气的污染，对人体的身心健康不利，摆脱这种状况的办法就是利用周末和节假日到林木葱郁的地方去野游，于是森林浴应运而生。日本人喜欢森林浴，每逢春秋季节，成千上万的人倾家而出到森林中去"沐浴"。这时各大公园都将举办各种有关森林浴的活动，如举办"绿色与人"、"植物的杀菌作用"等森林知识演讲，有专人指导游客如何进行森林浴，介绍森林浴游览路线等。近几年来，中国的森林公园发展很快，到森林公园"沐浴"游览者络绎不绝。

"日光浴"，说得通俗一点就是晒太阳。在广大的乡村，在春、秋特别是冬季，三五成群的晒太阳者到处可见，形成了一道日光浴的风景线。据埃菲社马德里 1996 年 8 月 19 日电：西班牙风湿病学会主席埃雷罗说，每天坚持半个小时的日光浴对风湿病患者，特别是骨质疏松症病人是大有好处的。这位专家认为，阳光辐射可通过皮肤为骨痛病人提供维生素

D，而这种物质可以促进人体骨骼对钙、磷的吸收。日光浴的疗效虽然不会立竿见影，但长期坚持则一定能够见效。在印度的婴儿诞生礼中有一种"浴光礼"，它在婴儿诞生后第四个月举行。举行仪式时，先把孩子交给母亲，再由父亲抱出室外，让婴儿晒晒太阳，呼吸新鲜空气，享受大自然的美。在未举行浴光礼之前，婴儿是不许见太阳的。

4. 酒浴·醋浴·奶浴……

近年来，日本掀起了一股"酒浴"热，既有介绍酒浴的《酒浴健康法》等小册子，也有专卖的"玉之肤"、"东京温泉"等浴用酒。浴用酒是以大米为原料的清酒，过去用它涂擦皮肤皲裂，效果很好；现在用于沐浴亦效果颇佳。单人洗浴，一池水中加入720毫升浴用酒，入浴则觉得异常暖和，浴后皮肤光滑如玉。十九世纪西洋流行洗葡萄酒浴。男子结婚前往往要进行一次这样的沐浴。拿破仑的弟弟耶罗尼莫·波拿巴曾当过威斯特伐里亚的国王，则喜欢洗莱茵酒浴。

皮肤干燥的人多感浑身瘙痒，治疗皮肤干燥引起瘙痒的方法非常简单，如将一杯白醋倒入微温的水中，入浴浸泡10分钟，就能护肤止痒。

当下班后又热又疲倦时，将一袋牛奶倒入温水中，浸浴

10 分钟后，能将皮肤毛孔收紧，使人有一种轻微的针刺感觉，能疗疾、爽肤。目前市场上有一种"洗面奶"系统的沐浴化妆品，洗后水冲，美容效果颇佳，很受倩女们的欢迎。拿破仑的姐姐特别爱洗牛奶浴。这位以风流著称的美女，每次出游都把底下的人折腾的够呛，因为必须保证有足够的牛奶。一次她出游到某地，找不到浴室，更没有淋浴用的莲蓬头，仆人不知如何是好。她竟然吩咐他们"在天花板上打一个眼儿，然后从上一层屋子里往下倒奶。"人们只好照办。印度的托达人盛行以牛奶洗头。

海盐浴有促进皮肤血液循环的作用。用两汤匙海盐，有条件的再加半匙柠檬汁混合倒入浴池内，搅拌均匀后，浸入10 分钟即可。

香橙浴适合任何类型的皮肤。将 2 汤匙橙汁倒入温水中，躺在水中浸泡 10 分钟左右，皮肤能吸收橙汁中的维生素 C，有令皮肤清洁、清爽和健肤美肤之效。

蜂蜜浴又称爽神浴，因为在温水中加一匙蜂蜜，浸泡之后能解除疲劳、爽身提神、润滑皮肤。

5. 洗头节·洗头房·洗头器

洗头并不是什么稀罕事，但以洗头为节者并不多见。韩国有洗头节。每年六月,韩国人都要欢度传统的洗头节。节日这天的清晨,除患病和残废者外,男女老少都要到河边用流水冲洗头发,以图借此除去身上的灾祸邪气。晚上,人们还在家里举行洗头宴,唱洗头歌,阖家高高兴兴地吃一顿丰盛的晚餐。一些有条件的人家,还专门携带酒食到乡间寻找山泉溪流,同时在野外举行洗头宴。

理发店里为人理发(剃头)时一般少不了洗头(发),如《金瓶梅》第50回中提到洗头、剃头事,月娘说道:"即是好日子,教(叫)丫头热水、你替孩子洗头,教(叫)周儿慢慢哄着他剃。"清代的理发店有一副非常有趣的对联:

> 暮暮朝朝,洗洗刷刷剃剃。
>
> 停停歇歇,光光挖挖敲敲。

在改革开放的大潮中,中国的服务业中又冒出了新行当——洗头房。据《齐鲁晚报》1997年4月18日报道,南京的洗头房只洗头不理发,讲究头部和全身的穴位按摩。同时在洗头的时候提供一盆药水让顾客泡脚。有120平方米大的南京中特洗头房上海路分店,10个客位一字儿排开。顾客入座后,服务小姐便会端来一只盆,盆里垫着一个大大的塑料袋,药就装在袋里,顾客可一面泡脚一面享受头发干洗和头部按摩。

据法新社报道，日本东京的洗头房中推出全自动洗头机，女顾客只需把头发放进机器内 5 分钟，便完成整个洗头程序。(图 22) ①

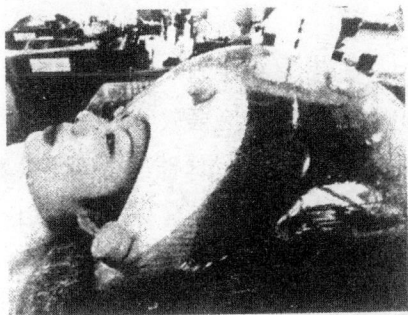

图 22　自动洗头机 (采自《参考消息》1997 年 8 月 23 日第 6 版)

6. 海洋洗礼·血奶洗礼·痛苦洗礼

加里曼丹的伊班族人居住在加里曼丹岛上，他们过的是水上生活，为了让自己的孩子将来能有一小块陆地可供落脚，婴儿要在陆地上落生。分娩前的几个星期，妻子和丈夫一起上岸，盖一座小房子，妻子在小房子里分娩，丈夫仍然睡在船上。婴儿出生后的第五天，父母把孩子带到海上，置于海

---

① 据《参考消息》1997 年 8 月 23 日第 6 版法新社图片、文字。

水中，说："孩子，这就是大海，是你的家，和它交朋友吧！"然后又对大海说："这是我的孩子，我把他的名字告诉你，请你记住他。"说罢，便把几枚钱币投入大海，向大海交"学费"。

非洲乞力马扎罗山区的孕妇在分娩时，要把孩子生在一张丈夫猎获的狮皮上，狮皮旁摆放着矛和盾，据说这样生下的孩子彪悍勇敢。分娩以后，尽管母亲的身体还十分虚弱，也必须立即把孩子系在背上去照管牲口，给牛挤奶，意在教孩子尽快学会挤奶。待妻子把奶挤完，孩子的父亲就用箭把牛的乳房戳破，让血滴在奶盆里，给婴儿洗澡。据说这样做会使他的一生免遭敌害。

毛里求斯的塔莫伊斯人是印度人的后裔，每年他们都要在庙宇前举行三次洗礼，在洗礼过程中要接受针刺等痛苦的考验。对参加洗礼的人有着严格的规定，如洗礼的前几天就开始斋戒、禁食、夫妻不再同房等。洗礼的程序也很有讲究。首先一男性把人们领到神庙附近的一个木柴堆旁，并把木柴点燃。在熊熊火光照耀下，人们来到小湖中洗浴，称为"洗礼潮"，意为用圣洁的水把身体洗干净，洗完后，就开始经受痛苦的考验了。这时，人们围成若干个小圈子，每个圈子中间坐着一个被刺人。亲属把无数根针刺在受刺者的背、胳膊、前胸、大腿、前额、耳朵、舌头上，受刺者此刻非常痛苦，手脚不时地抽搐，有时甚至休克过去。这种程序进行完毕后，洗礼即告结束。

（四）沐浴名画共鉴赏

欧洲的中世纪及文艺复兴时代，沐浴虽然受到压抑，但以沐浴为题材的美术作品却并不罕见；特别是近、现代西方，描写沐浴的名人名作更大量涌现。现依据朱伯雄编著的《世界美术名作鉴赏辞典》简介如下：

《浴后的苏珊娜》。作者丁托莱托（1518—1594年），意大利人，威尼斯画派中最后一位大师。此画取材于一个迷人而有趣的宗教传说：美女苏珊娜嫁给一位巨商约基姆为妻。一次她在家中花园的水池中沐浴，被两个年老的好色之徒偷看，他们想玷污她，遭到了苏珊娜的严词拒绝。两个老头怕苏珊娜向丈夫告发而败露丑行，便先发制人，诬告苏珊娜不贞。纠纷一直闹到埃及法老那里，苏珊娜被判为死刑。此事被先知但以理获悉，苏珊娜的冤情得到昭雪，两个坏老头也被判以烙刑。从此，苏珊娜成了希伯来民间故事中的贞女象征。

在丁托莱托笔下，苏珊娜是以细腻、娇美的裸体形象展示的。苏珊娜浴后那凝脂般的肌肤、顾影自怜的形象以及浴巾拭脚的动作，构成了诗一样的场面。(图 23)

图 23　浴后的苏珊娜〔意大利〕丁托莱托

《土耳其浴室》。作者安格尔（1780—1864 年），法国人，法国新古典主义代表达维特的学生，善画浴女。他有两幅以沐浴为内容的名画，一幅是《瓦尔平松的浴女》。画面突出裸体浴女的背部，画中人坐在床角，斜视前方，右肘挽着浴巾，极富美感。另一幅是《土耳其浴室》，晚于《瓦尔平松的浴女》，较之于前者，场面宏大，浴女众多，姿态各异，栩栩如生，《瓦尔平松的浴女》一画中的形象也被纳入其中。

《沐浴的摩尔人》。作者让—莱昂—热罗姆（1824—1904年），十九世纪初法国学院派画家。诗意盎然的《沐浴的摩尔

人》，作于 1868 年。此画是画家到埃及而非是到摩洛哥写生的
成果。画面中有白人浴女，有端着银盆侍候洗浴的黑人女奴，
有镶有阿拉伯双色图案的大理石浴池。(图 24) 据说热罗姆在
开罗时曾涉足过浴池，一次是进入一个大型的公共浴室，另
一次是波斯大使家中的私人浴室。而画中的人物是按照古典
主义的构图与色彩原则臆造的。

图 24　沐浴的摩尔人〔法国〕热罗姆

《浴盆》与《浴后擦身的女人》。作者爱德华·德加
(1834—1917 年)，法国印象派画家。他的画有不少是闺房洗
浴题材的，不论是画妇女浴后的擦身、洗足等动作，还是展

现裸女对镜梳妆，都带有很大的随意性。被画对象，似乎都是些急急忙忙浴完身后便擦干身子和脚，准备休息的普通妇女形象。作于 1886 年的粉色画《浴盆》，是一幅写生性很强的杰作。裸女伏身站在浴盆内，一手用海绵擦着盆底，画家所注重的是女人背部与臀部的受光部位。德加的《浴后擦身的女人》，画于 1890 年，笔法奔放，浴女刚从右侧的浴缸里爬出，正坐在铺有白色浴巾的椅子上擦身子。当擦着后背上部的颈脖部位时，身子倾斜下来，现出整个背部的受光面，湿漉漉的头发被她手上的浴巾挡住了一部分。(图 25)

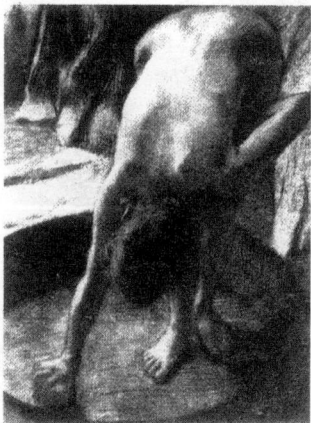

图 25　浴盆〔法国〕爱德华·德加

《大浴女》。作者塞尚（1839—1906 年），法国人。晚年的塞尚，一度对描绘浴女产生很大热情。在他几幅大型油画中，用异乎寻常的宏大构图来表现裸女，后来又有几幅水彩画来描绘这种题材。不过他画中的浴女形象，与其说是刻画浴女的形体，不如说是把这些女性形象作为接近于音乐的色彩符号来表现。处于中景和远景中的浴女，似乎像梦魂或幽灵一般，飘浮在大自然的中景地平线上。1898 年始画的《大浴女》把一群裸女置于风景之中，主题十分鲜明，可以说是一幅用粗犷线条重新组合成的带有古典意味的风景画。（图 26）

图 26　大浴女〔法国〕塞尚

《金发浴女》等。作者雷诺阿（1841—1919 年），法国画家。他有不少浴女画，如《金发浴女》（约 1882 年）、《浴后的女人》(1888 年)、《浴后擦身的裸女》（约 1910 年)、《浴女们》（约 1918 年）等。《金发浴女》中的浴女，金发细密流畅，肌肤光滑明丽，被人们视为雷诺阿在新古典时期的一幅代表作。(图 27)《浴后的女人》中的女裸体，玫瑰色的肤色显示了少女的壮实和健美，极细琐的笔触组成了这个女性丰满柔滑的皮肤表面。(图 28)《浴后擦身的裸女》是以雷诺阿后期最喜欢的模特儿加布莉尔为模特的，画家经常叫她扮作洗浴、擦脚等姿势。画中的裸女较为肥胖，画家的目的在于凸显她那富有弹性的丰腴的肉体美。

图 27　金发浴女〔法国〕雷阿诺

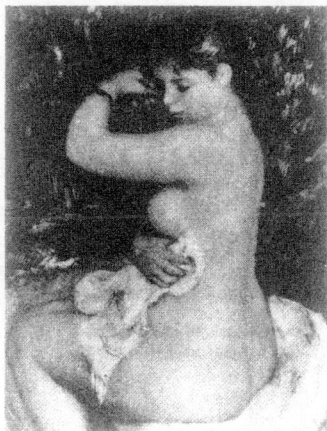

图28　浴后的女人〔法国〕雷阿诺

《古罗马温水浴》与《爱洁成习》。作者劳伦斯·阿尔玛
——塔德玛（1836—1912年），荷兰人，成名于英国。画家从
古罗马、古希腊的沐浴文化中汲取营养，创作了沐浴题材的
名画。《古罗马温水浴》着力描绘的是一个浴后在休息中的裸
女形象，为了加强横卧裸女的线条与肌肤美，有意在她身子
下衬了一块兽皮，使形象的魅惑带有一种野性。裸女舒展地
躺在浴间的休息室，背景素淡。她右手持一涂香膏与去污垢
用的工具，左手拿着羽毛扇拂，用以扇凉皮肤。在《爱洁成
习》中，画家着重于对古希腊贵族妇人的沐浴环境作历史的

回顾：那豪华的大理石菱花池，淡雅明快的环境色彩，被画家描绘得丝丝入扣，细腻无比。两个浴女在清澈的水池中嬉戏着，池内光线反照，充满着水气感。远处有几个换衣的妇女，有的妇女正被侍者服侍着，淡雅的棕色加重了环境的透明度，以白色为底色，用荷兰小画派的反差对比法，细致地刻画室内光洁的大理石石质，达到整个浴室明快的视觉效果。

七　简短的结语

　　沐浴文化，历史悠久，分布广袤，内涵丰富。不同的时代，不同的地域，不同的民族，不同的宗教信仰者，沐浴的目的意义不尽相同，沐浴的方式方法也有所区别。沐浴文化异彩纷呈。

　　如果从目的角度对沐浴进行分类，大体上可分为两大类：一是世俗性的沐浴。其主要目的是洁身爽体，以及健身、疗疾和美容等。二是宗教性的沐浴。其形式虽然多种多样，但洗身是表，洁心是质，所以有斋戒沐浴之举，洗礼之制。至于杨绛先生笔下的"洗澡三部曲"，是借洗澡之名，喻"脱裤子"之实，也就是特定时代背景下的知识分子"换脑筋"，即"洗心"。洗身和洗心，有时是紧密相连的，甚至是密不可分的，这就是古人所讲的"澡身而浴德"。身、心均洁，岂不更美。

　　沐浴文化作为传统文化，有精华，也有糟粕，对其精华要弘扬，对其糟粕要剔除。当前，传统意义上的沐浴文化味道正在减少，这是事实。如何看待这种现象？我们认为，要历史地、客观地、辩证地对待，既不必伤感悲哀，也不能视而不见。要以实事求是的态度抓紧搜集、发掘、抢救、整理有关沐浴文化的各种资料，为后人留下一份遗产。

后　记

　　这本小册子只是介绍沐浴文化的粗浅尝试，既不周详，更无深度。由于有关沐浴的资料甚为零散，我不得不花费大量精力去搜集资料；限于时间和才学，我在近期内不可能作更深入的研究。但愿能引起读者诸君整理和研究沐浴文化的兴趣，更竭诚盼望给我以匡正和指教。

　　在编写过程中，刘连庚先生、叶涛先生给予了具体的指导，周谦、史欣、刘慧、肖诚诸先生提供了不少资料线索，张登山先生帮助翻拍了部分图片，在此一并表示感谢！

　　本书的主要参考文献附在书后，至于文中引用的一些零散资料，有的已在书中注明，有的因作注不便没有加注，特此说明，敬请谅解。

主要参考书目

《十三经注疏》，中华书局1979年版。

《二十五史》，中华书局1982年版。

〔宋〕孟元老：《东京梦华录》，中华书局1992年版。

〔明〕李渔：《闲情偶寄》，作家出版社1996年版。

段宝林等主编：《世界民俗大观》，北京大学出版社1988年版。

高寿仙：《中国宗教礼俗》，天津人民出版社1992年版。

印永清等：《三教九流探源》，上海教育出版社1996年版。

李乔：《中国行业神崇拜》，中国华侨出版公司1990年版。

李万鹏等：《中华礼俗纵横谈》，山东教育出版社1989年版。

朱天顺：《中国古代宗教初探》，上海人民出版社1982

年版。

洪丕谟:《中国古代养生术》,上海人民出版社1990年版。

杨殿奎等编:《古代文化常识》,山东教育出版社1984年版。

《中国文化史三百题》,上海古籍出版社1987年版。

黄伯沧编:《节日的传说》,湖南人民出版社1982年版。

李锦芳主编:《红白喜事实用大全》,开明出版社1993年版。

叶大兵等:《红楼梦风俗谈》,辽宁大学出版社1990年版。

叶大兵主编:《中国风俗辞典》,上海辞书出版社1990年版。

中国道教协会等编:《道教大辞典》,华夏出版社1994年版。

蓝鸿恩主编:《中国各民族宗教与神话大词典》,学苑出版社1990年版。

朱伯雄编著:《世界美术名作鉴赏辞典》,浙江文艺出版社1991年版。

文化部文物局主编:《中国名胜词典》,上海辞书出版社1986年版。

中国社科院道教室：《道教文化面面观》，齐鲁书社 1990年版。

詹石窗：《道教与女性》，上海古籍出版社 1990 年版。

卿希泰等：《道教常识答问》，江苏古籍出版社 1996 年版。

中国佛教协会编：《中国佛教漫谈》，江苏古籍出版社 1990 年版。

努尔·穆罕默德·郑勉之：《伊斯兰教常识答问》，江苏古籍出版社 1996 年版。

陈泽民：《基督教常识答问》，江苏古籍出版社 1996 年版。

〔英〕汉弗雷·卡本特著，张晓明译：《耶稣》，工人出版社 1987 年版。

孟庆轩编：《百名寿星长寿经》，农村读物 1992 年版。

苏州市冬泳协会编：《神奇的冬泳》，内部印刷 1990 年版。

叶涛等：《孔子故里风俗》，华语教学出版社 1993 年版。

吴申元：《上海最早种种》，华东师范大学出版社 1989 年版。

宋悦战主编：《华清池》，中国旅游出版社 1993 年版。

黄山志编纂委员会：《黄山志》，黄山出版社 1988 年版。

李方正等：《五大连池火山》，地质出版社 1986 年版。